危险品弹药处理

罗兴柏　张玉令　甄建伟　主编

国防工业出版社
·北京·

内 容 简 介

本书系统阐述了危险品弹药处理的基本概念、基本原理和组织实施的程序方法与注意事项,包括:危险品弹药的内涵、产生与分类;危险品弹药处理的基本任务和主要特点、基本原则和一般程序;危险品弹药销毁处理;爆炸防护基础;弹药场所安全技术;库存危险品弹药处理;射击未爆弹处理;危险品弹药处理案例;以危险品弹药处理相关方案、预案范本为主要内容的附录。

本书可用作弹药技术保障相关专业的教材或教学参考用书,也可供弹药技术保障科研和管理岗位有关人员的学习、参考。

图书在版编目(CIP)数据

危险品弹药处理/罗兴柏,张玉令,甄建伟主编.
—北京:国防工业出版社,2023.7
ISBN 978 - 7 - 118 - 12993 - 9

Ⅰ.①危… Ⅱ.①罗…②张…③甄… Ⅲ.①弹药—
处理②弹药—武器销毁 Ⅳ.①TJ410.89

中国国家版本馆 CIP 数据核字(2023)第 093943 号

※

国防工业出版社 出版发行
(北京市海淀区紫竹院南路 23 号 邮政编码 100048)
天津嘉恒印务有限公司印刷
新华书店经售
*
开本 710×1000 1/16 印张 13½ 字数 250 千字
2023 年 7 月第 1 版第 1 次印刷 印数 1—2000 册 定价 65.00 元

(本书如有印装错误,我社负责调换)

国防书店:(010)88540777 书店传真:(010)88540776
发行业务:(010)88540717 发行传真:(010)88540762

前　言

危险品弹药处理是部队弹药工作回避不了的一项棘手难题,关系部队官兵安全,影响部队备战打仗。即将或正在从事部队弹药工作的同志,无论是技术工作还是管理工作,全面系统地学习掌握危险品弹药处理的理论知识,无疑是十分必要的。

本书以危险品弹药处理为研究对象,结合相关案例,着重阐释危险品弹药的内涵、产生与分类,危险品弹药处理的基本原则、一般程序、常用方法、安全防护和注意事项,并提供了一个综合案例和部分相关技术文件的范本,旨在系统构建危险品弹药处理的完整知识体系,并为读者在工作时提供参考,共分7章和一个附录。主要内容如下:

第1章概述,在全面分析"9·8"事故案例的基础上,揭示危险品弹药的内涵、产生与分类,阐释危险品弹药处理的基本任务和主要特点、基本原则与一般程序,为本课程的学习建立基本框架和共同语境。

第2章危险品弹药销毁处理,在简要介绍弹药销毁的目的意义与地位作用及弹药销毁的常用方法与基本原则的基础上,着重介绍危险品弹药就地销毁,包括分解拆卸、烧毁和炸毁的基本原理及其适用弹种和一般作业流程,为本课程的学习提供必要的技术基础。

第3章爆炸防护基础,立足控制弹药发生意外爆炸后的危害,在简要介绍弹药爆炸危害的基础上,着重阐释爆炸危害防护的一般措施,包括人员管理、设防安全距离、抗爆小室与抗爆屏院、防护屏障的基本原理和技术要求,旨在为危险品弹药处理的安全防护奠定理论基础。

第4章弹药场所安全技术,立足防止弹药意外爆炸的发生,主要介绍弹药储存与作业场所的电气防爆、雷电防护、静电防护和消防的基本原理与技术要求,旨在为危险品弹药处理的安全防护奠定技术基础。

第5章库存危险品弹药处理,主要介绍库存危险品弹药清查的基本方法和注意事项,着重阐释库存危险品弹药处理的常用方式和适用条件,库存危险品弹药运输前预先处理的方法和目的,库存危险品弹药处理方案的主要内容和基本程序。

第 6 章射击未爆弹处理，主要介绍射击未爆弹药的性质及其处理特点，着重阐释射击未爆弹处理的基本原则、准备工作、一般步骤与注意事项。

第 7 章危险品弹药处理案例，以某装备仓库受山体滑坡灾害影响，部分库房垮塌、部分库内弹药被埋压受损，急需进行险情和弹药处置为背景，再现这一涉弹突发事件的处置过程，包括险情研判、风险分析与防范、处置方案和预案等，期望以这种近似实战的方式，提高本课程所学理论知识的运用能力，加深对有关内容的理解。

附录来自实际的有关危险品弹药处理的方案或预案，包括报废弹药移交实施方案、弹药炸毁实施方案、涉弹突发事件总体应急预案、山体滑坡险情与弹药后续处理方案，旨在为读者提供参考。

其中，第 1 章、第 5~7 章及附录由罗兴柏编著，第 2 章由甄建伟编著，第 3 章和第 4 章由张玉令编著，全书统稿和审校由罗兴柏负责。

本书主要内容源于笔者教学、科研所得，部分内容参考了相关文献。衷心感谢前人和同行，特别是本书所列参考文献作者们的辛勤劳动。限于笔者水平，难免有不妥之处，真诚欢迎读者批评指正。

作　者
2023 年 1 月

目　　录

第1章 概 述

本章结合有关弹药事故案例，概略阐释危险品弹药的内涵及其来源，着重介绍危险品弹药的分类，阐释危险品弹药处理的基本任务和主要特点、基本原则和一般程序，旨在建立学习"危险品弹药处理"课程的语境。

1.1 "危险品弹药处理"课程简介

1.1.1 课程设置目的

从事弹药保障技术和管理工作的专业人员为什么要学习"危险品弹药处理"课程？概而言之，危险品弹药处理是部队弹药保障工作回避不了的一项棘手难题，为什么？让我们首先分析一个弹药事故——2000年9月8日发生在新疆乌鲁木齐市的"9·8"特大爆炸事故。

案例【1-1】"9·8"特大爆炸事故。根据上级要求，驻乌鲁木齐某部从2000年9月6日起，组织15辆东风牌卡车，拟将报废弹药运往该市乌拉泊转运站，通过火车发往内地弹药工厂销毁处理。至9月8日19时38分左右，当车队行至乌鲁木齐市沙依巴克区西山路段立交桥西侧约500m处时，第6辆汽车突然发生爆炸，造成百人伤亡，20余辆汽车及附近房屋受损，产生严重的政治影响。

经勘察分析认为，引起爆炸的最大可能原因是：老旧报废弹药技术状态复杂，技术性能不稳定，固有安全可靠度不高；加之行车过程中的颠簸震动，造成个别弹药的引信意外解脱保险并发火，导致爆炸。

展开分析，具体原因如下：

（1）引信固有安全性不高。事故为什么会发生？最根本的原因，除了所运输的是弹药，而弹药是装有火药或炸药且具有燃烧、爆炸特性，从技术上看，还是所运的报废弹药配用的是低膛压非旋弹药引信，面临一个共同技术难题，即发射时可靠解除保险与平时确保勤务处理安全矛盾。首先，该报废弹药配用于单兵反坦克武器，而单兵反坦克武器的一个基本要求就是必须具有良好的机动性能可供单兵携行使用，由此决定了该类武器身管不能太厚且不能有笨重的反后坐装置,因此决定了单兵反坦克弹药一般只能采用低膛压非旋结构。其次,由于弹药非旋,无离心力可供利用,配用于该类弹药的引信只能采取后坐惯性保险结构,但是又由于膛压较低,解除保险的发射后坐力不可能很大,因此,要保证发射时可靠解除保险,构成保险的引信保险弹簧的抗力不能太大。最后,弹药在平时勤务处理过程中,如在装卸搬运、堆码、装填使用过程中,难免由于跌落和碰撞而受到后坐力作用,在保险弹簧抗力较小的情况下,这种后坐力就有可能引起引信解除保险,从而形成安全隐患。

总之,此类弹药配用引信可靠解除保险与确保勤务处理安全相互矛盾。为解决这一矛盾,在当时的技术水平下,只能在引信保险机构中采用所谓蛇形槽结构。其原理在此不予细述。但是,后来的使用实践表明,矛盾解决的并不理想,此类采用蛇形槽结构的单一后坐惯性保险引信安全性不够,给弹药运输等平时勤务工作留下了重大安全隐患,多次发生搬运爆炸事故。需要说明的是,由于弹道保险簧的作用,即使引信解除保险,只要没有足够的前冲力作用,引信不会发火,弹药也就不会爆炸。这就意味着,在引信解除保险的情况下,弹药也能满足一定条件的装卸运输安全需要,只是运输安全性严重下降,安全条件相当苛刻。此种由于设计原因产生的安全性能不高,称为固有安全性不高。配用这种固有安全性不高的引信的弹药,某种意义上就是危险品弹药。可见,在论证设计阶段,就有可能埋下危险品弹药产生的隐患。

(2)老旧弹药技术状况不明。但是,并非所有配用此类引信的弹药在运输过程中就一定发生爆炸。实际上,绝大多数情况下是不会发生问题的,只有在弹药在长期储存过程中发生变质或在多次装卸运输过程中受到适当作用力(大小和持续时间足够)的情况下,这类弹药才有可能发生事故。"9·8"事故所运的弹药,生产时间为1958—1969年,经过31~42年的长期储存,期间经历过多次装卸、运输,长时间的阵地储存,环境复杂、恶劣,时间又长,引信中的勤务保险弹簧有可能失效,此外,不能排除因为摔落而解除了勤务保险(只靠弹道保险簧保证运输安全)的可能。总之,由于事故前的长期储存和多次装卸、运输,个别弹药实际上处于危险状态,只是没有及时发现而已。如果具有客观、完整的弹药履历记录,或者能够进行全面严格的技术检查,意外摔落等情况是能够及时发现的。但是,由于没有必要的弹药履历记录,并且缺乏必要的检测手段(如无损透视检测),事故弹药的技术状况不明,运输安全性不能确认,属于危险品弹药。可见,储存运输中的不当作用,加之检查检测不完备,也有可能埋下危险品弹药产生的隐患。

(3)运输路线时机不当。即使是危险品弹药,运输过程中也不一定会发生爆炸,更不一定会发生人员伤亡和财产损失巨大的特大事故。如果采取少量多趄、减速慢行、加装防护,选择避开人员密集的道路和时机进行运输、实施道路封控等技术与管理措施,就能做到能安全运进的弹药就能安全运走。而"9·8"事故,在没有采取必要技术防护措施的情况下,又恰恰选择了建筑、人口密集的市区道路,出现在下班、放学的人员活动高峰期。可见,危险品弹药不一定造成事故,但运输风险显著增加,甚至难以保证。

综合上述,危险品弹药的产生及由此引发的弹药爆炸事故,不但与弹药设计生产密不可分,与弹药储运也有关系,甚至与弹药使用有关。由于弹药属于一次性使用的特殊军事装备,战前必须大量长期储存,其间必然要经历多次装卸运输,因此,危险品弹药在弹药全寿命过程中的各个阶段都难以杜绝,危险品弹药处理也就成为部队弹药工作回避不了的一项棘手难题。而保证弹药工作安全是保障部队备战打仗的重要前提,是全军弹药保障技术与管理人员的应尽责任。所以,学习"危险品弹药处理"课程是全军弹药保障技术与管理人员必修课程。

1.1.2　课程主要内容

本课程的主要内容分为7个部分,旨在构建"危险品弹药处理"课程的完整知识体系。

(1)概述。主要学习危险品弹药的概念、产生或来源、分类,危险品弹药处理的基本任务与特点、基本原则和一般程序,旨在建立学习"危险品弹药处理"课程的语境。

(2)危险品弹药销毁处理。主要针对危险品弹药就地(近)销毁处理,学习弹药分解拆卸、烧毁和炸毁等弹药销毁的常用方法与特点,着重学习野外平地烧毁和装笼烧毁的基本原理和适用弹种、场地选择、设备工具准备、操作步骤与注意事项等,旨在奠定危险品弹药处理的技术基础。

(3)危险品弹药处理中的安全防护。本部分内容分为两章:第三章主要学习弹药爆炸主要危害形式与安全防护的一般措施;第四章着重学习弹药场所安全技术,包括电气防爆、雷电防护、静电防护和消防的基本原理和技术要求,旨在奠定危险品弹药处理安全防护的理论与技术基础。

(4)库存危险品弹药处理。主要学习库存危险品弹药的清查方法和注意事项,常用销毁处理方法和条件,处理方案制订,运输前预先处理的一般方法、适用弹种、应具备的条件和注意事项。

(5)射击未爆弹处理。主要学习射击未爆弹的性质、处理工作的特点,以及处理的基本原则、准备工作、一般方法和注意事项。

(6)危险品弹药处理案例。以某弹药仓库发生山体滑坡,有关险情和弹药急需处理为背景,学习危险品弹药处理中的应急处置、险情研判与风险防范、处理方案与预案制订。其目的在于通过案例教学,使读者更好地理解并掌握危险品弹药处理组织工作的程序方法和方案制订。

(7)危险品弹药处理预案方案范本。优选提供《报废弹药移交实施方案》《弹药炸毁实施方案》《突发涉弹事件总体应急预案》《山体滑坡险情与弹药后续处理方案》4个范本节略稿,目的在于使读者通过范本研读,体会掌握危险品弹药处理相关技术文件制定的一般内容与规范,也可为读者在可能遇到的危险品弹药处理工作中提供参考。

1.1.3 课程特点与学习要求

本课程具有以下3个特点。

(1)实践性强。课程内容来源于实践,知识的应用需要运用所学基本原理,更需要紧密结合实际。

(2)研究性强。本课程总体上尚处于总结归类的初期阶段,其中部分内容,如运输前的预先处理、装笼烧毁等方法来自工程实践,但还未上升为标准方法,需要不断地研究、探索,逐步加以规范。

(3)责任性强。学习的目的在于应用,本课程的特点之一就在于如果学不好而乱加应用,有可能引发安全事故,甚至危害他人和自己的生命安全。人的生命最宝贵,并且只有一次,出了事,后悔莫及。

因此,希望读者在学习的本课程过程中:一要带着问题学,看书过程中要多想想实际情况可能是怎么回事;二要带着脑子学,要多问为什么、是什么道理、有没有更好的方法;三要认真负责地学,要想着自己以后万一遇到了危险品弹药处理任务该怎么办、可不能出事。不怕真懂,也不怕真不懂,就怕不真懂,要弄懂、弄通;一知半解,似是而非,贸然从事危险品弹药处理,后果严重。

案例【1-2】未爆弹丸烧毁不当引发爆炸亡人事故。某部违规不当烧毁上交未爆弹丸发生爆炸,造成人员伤亡。事故过程大致是,该部在组织清理废旧弹药过程中,收缴一发不带引信的杀爆弹弹丸,该部未按规定上交处理而是组织非专业人员自行烧毁处理,烧毁过程中意外爆炸并致人伤亡。

烧毁场地选在一间杂品库库房门前的小院内,烧毁点离库房门口5m左右。利用一个废弃的梯状铁架支撑弹丸,将铁架放倒在地面形成一个一端低一端高的斜面,将弹丸口部朝下放置在铁架斜面上并固定(图1-1)。

应该说,对装TNT炸药的弹丸采取烧毁处理方式是可行的,问题是场地和作业方法不对。正确的方法是将燃料(一般选用劈材)放在弹丸口部前下方,靠燃烧火焰点燃炸药表面,炸药融化后边流出边燃烧,逐层向内传播直至燃烧完

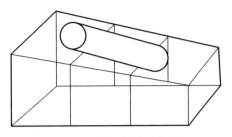

图 1-1　弹丸摆放示意图

毕,如果炸药不能顺利流出导致弹丸内热量积累,就可能由燃烧转为爆轰。因此,弹丸装药烧毁作业的关键是要保证炸药由外向内燃烧,并保证融化炸药外流顺畅。所以,要口部点火,口部不能堵塞,弹丸口部朝下,尾部朝上斜放。

据参与作业的幸存者介绍,实际作业方法是,将劈材堆放在整个弹丸的后下方,点火后形成对整个弹丸的烧烤作用,口部炸药不能先点燃,也不可能先融化,从而堵塞了后面炸药融化流出的出口。这样,整个弹丸内的炸药在烧烤作用下发生热分解,热量不能散发而逐步积累直至达到爆点,以致整体爆轰,形成破片和冲击波杀伤炸点附近人员。据询问,由于点火位置错误,炸药很难点燃并流出,因此往劈材上倒柴油。作业人员缺乏风险常识,不知安全防护,作业人员不但没有采取任何防护措施,而且连起码的撤离现场也没做到。

事故很好地佐证了不真懂的危害,具体教训请读者自己总结。

那么,究竟什么是危险品弹药?它的处理究竟是怎么回事?下面首先介绍危险品弹药的基本概念和分类。

1.2　危险品弹药的内涵与分类

1.2.1　危险品弹药的内涵

迄今为止,关于"危险品弹药"的含义尚没有严格且普遍让大家接受的描述,根据弹药工作的需要和我们的理解,我们将"危险品弹药"定义为:不能确认能够满足或确认不能满足正常装卸运输、储存保管、使用操作、检测试验、修理处废等使用与保障活动安全需要的弹药及弹药元件,统称为危险品弹药。

对于这个定义,我们必须注意以下几点:

(1) 以正常条件下的实际安全需要为准。所谓正常条件,直接的是指弹药生产定型时其战术技术指标所给定的环境条件(如温度、湿度、振动、发射过载等),但根本上应该是指实际工作中的安全需要。因此,一种定型列装弹药,只要在正常(符合规范和标准)的环境或操作条件下发生了安全问题,即可认定其可能属于危险品,而不应以其定型任务书或战术技术指标为准。因为说到底,安全与否,应该从保证实际工作需要出发,而不是为了对弹药自身的评价。产生这种安全指标与实际安全性不一致的根本原因在于,现行特别是过去有关弹药安全性的设计计算和检验验收试验的有关方法和标准,不能全面准确地反映弹药在实际情况下的受力情况,如引信安全落高试验,虽然选择了引信整装在裸弹跌落到钢板这种看似严苛的极端情形,但并未考虑到采用蛇形槽结构的引信跌落到软目标上更加危险的这种重特例,也未考虑弹药包装对引信受力的影响。鉴于此,虽然弹药的安全性指标合格是弹药列装使用的必须要求,但实际储运使用中的安全表现才是其是否属于危险品的唯一判据,正所谓实践是检验真理的唯一标准。

(2)突出装卸运输安全需要。对于确定的弹药,虽然不同的弹药工作环节有不同的安全需要,进而影响对弹药是否属于危险品的判断。例如,有些弹药能够满足装卸运输安全,但不能满足射击使用安全(出现过膛炸等),则该弹药对操作使用而言是危险品,对装卸运输而言就不是危险品。但是,对于弹药保障工作而言,运输是必须的环节,所以必须重点考虑能否满足装卸运输安全,本课程也以此为主要条件判断弹药是否属于危险品。

(3)按类别和批次整体判定。弹药的安全性由同类或整批弹药(元件)的结构、性能、履历等确定,根据结构分析或实际工作多次(具体次数没有规定,有的甚至只有那么一次)发生安全问题的,即判定该类弹药或该批弹药属于危险品。因此,危险品弹药不等于该类弹药或该批弹药中的所有个体都是危险品,但遇到危险品的可能性较大。正如日常生活中所谓某厂或某个品牌的产品质量不好,并不等于该厂或该品牌的所有产品质量都不好,但用户购买这些产品后遇到质量问题的可能性更大。同理,也不能因为某类弹药或某批弹药中大量个体没有发生安全问题,就可以无视对该类弹药或该批弹药属于危险品的整体判定。

(4)危险品弹药的安全性不能满足需要,不等于没有任何安全保证,碰不得,摸不得。在采取必要的安全防护措施条件下,也可以满足搬运和短途汽车运输的安全需要;否则,库存的这些弹药就只能在库房内进行处理了,这是不允许的。

(5)报废弹药不一定是危险品弹药,但危险品弹药一定是报废弹药。

(6)不能确认能够满足安全需要的弹药与确认不能满足安全需要的弹药一样危险。例如,运输摔落的弹药,在安全鉴定之前或无法进行鉴定,与鉴定后确认不能满足安全一样,都需按危险品对待。

为什么会产生危险品弹药呢?

1.2.2　危险品弹药的产生

如图 1-2 所示,可知危险品弹药产生的原因或来源主要有 5 个方面的缺陷。

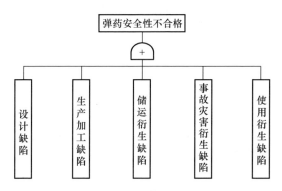

图 1-2　危险品弹药产生的原因或来源

1. 设计缺陷

由于受当时的技术总体水平和认识水平等限制,弹药(主要是引信在论证、设计过程中)从结构原理、安全性指标等方面没能很好地解决安全问题,导致弹药固有安全可靠性不高。这是形成危险品弹药的重要根源之一。例如,一些老旧引信没有采用现行的安全设计准则,安全落高不够,曾发生过搬运爆炸事故。

案例【1-3】“6·17”事故。2014 年 6 月 17 日,某单位在实施某式反坦克枪榴弹入库堆码作业时突然发生爆炸,多名官兵当场牺牲,近 300m² 的一座地面库夷为平地,现场遗留一个深 5.46m、半径约 22m 的漏斗状可见炸坑。

该弹药所配引信是 1970 年设计定型的单一环境保险的非隔爆型弹底机械触发引信。该引信沿用苏联引信设计要求,具有结构简单、成本低廉、易于大批量生产等特点,是低膛压非旋转、单环境保险、雷管埋入传爆管的非隔爆型引信。该引信虽然安全落高指标是 3m,但综合有关文献试验数据,并通过仿真计算验证可知,该引信在 3m 以下、弹尾朝下带包装跌落时,可能出现后坐力峰值不是很大但持续时间较长的冲击作用,有可能解除保险。也就是说,该引信不能保证在带包装的弹药、在所有跌落姿态下的安全落高都达到 3m。以现在的标准来看,这类引信安全冗余设计不足,但不说明这类引信没有安全保证,毕竟以前二十多年,几十万发弹药的储存、运输和使用都没有发生事故,只是在异常情况出现时才可能引发事故。计算表明,引信解除保险后,在装卸、运输和堆码作业过程中,一旦受到冲击作用就有可能发火,即只要引信解除保险,很难保证运输安全,并且不能保证 1m 以上跌落安全。总之,该引信设计安全性不高,不能可靠保证安全落高达到 3m。

综合分析,"6·17"事故的原因是,弹药配用引信受当时技术水平限制,设计安全性不高,加上弹药堆码过程中发生意外跌落,导致个别引信解除保险并发火,引起个别弹药起爆并殉爆整箱弹药和整堆弹药。

2. 生产加工缺陷

在弹药生产加工过程中,不能严格执行产品图要求,使得弹药存在严重质量缺陷,同时由于质量检验技术手段落后,把关不严,遗留严重的安全隐患。例如,1973 年以前生产的加农炮榴弹,由于弹丸装药内部存在空穴,曾发生过射击时膛内半爆事故。又如,分解检验发现,个别引信产品曾发生过漏装勤务保险钢珠现象。这些生产中发生的问题虽然是偶然、个别的,但它涉及的弹药却是批量的,造成了整批弹药的停用或报废。

3. 储运衍生缺陷

储运衍生缺陷,就是在储存、装卸和运输的过程中,由于恶劣环境(高温、高湿、盐雾、雷电、静电等)影响,以及因跌落、冲击、振动、受热等过大机械和热作用,使弹药的安全性降低到不能满足需要,同时可能使弹药作用可靠性减小,导致射击未爆弹等危险品弹药产生。例如,质量检测发现,某些引信的保险弹簧出现锈蚀、折断现象,配这样的引信的弹药当然是危险的,分析其原因主要是长期储存过程中受高温、高湿作用的结果。

案例【1-4】1995 年 5 月 31 日,某部存有火箭弹的库房由于防雷装置接地电阻超标遭雷击,库房墙壁被击破,库内 14 发火箭弹包装密封盖遭受不同程度的破坏。这些包装筒被击破的火箭弹,安全状况不明,算不算危险品弹药?

案例【1-5】1984 年 5 月 19 日,某部火箭炮阵地堆放的某型火箭弹,由于场地选择未注意避开雷区,遭雷击后发火,飞出阵地。该阵地共存放火箭弹 12 发,雷击发火飞出 3 发,其余 9 发散落在弹药掩体和阵地上,全部报废。这些遭雷击飞出的火箭弹以及散落的火箭弹,安全状况不明,算不算危险品弹药?

案例【1-6】1975 年 4 月 12 日,某部在运输某型火箭筒破甲弹过程中,第 13 号车将前面一辆汽车甩落的一箱弹药拾到自己的车上,在继续向前行驶中突然爆炸,死亡 2 人,该车及其所装 546 发弹药全部炸毁。这一事故很好地佐证了"9·8"事故的原因,具体原因和教训请读者自己分析总结。

案例【1-7】1993 年 5 月,某部组织 12 辆汽车运输报废某型火箭筒破甲弹,在行驶途中,弹药运输车队中的一辆车由于紧急躲避迎面高速开来的进入逆行道的汽车,导致装在汽车厢后部的一箱 6 发弹药甩落,包装木箱严重破损。由于无法进行就地鉴定和销毁处理,该部带队领导用工作服将 6 发弹药的头尾方向一致进行捆扎,头部朝上抱在怀中、坐在指挥车按不超过 5km 的时速和禁止紧急启动、刹车等要求行驶,终于安全返回部队。回到驻地后,经分解检查,6 发摔落的弹药中有两发弹药的引信已解除保险。

基于上述类似原因,施工挖掘、打捞出的或捡拾上交的战争遗弃弹药,由于长期埋压在地下或浸泡在水中,恶劣环境必然给弹药带来严重而复杂的不良影响,安全性能难以确认,应当视作危险品弹药。

4. 事故灾害衍生缺陷

由于受爆炸事故、自然灾害的冲击等作用而抛撒、摔落甚至埋压的弹药,安全性降低,以致不能满足需要或难以确认而产生危险品弹药。

案例【1-8】"4·7"事故抛撒弹药。1999 年 4 月 7 日,某部在销毁报废弹药时,采用错误的锤击方式冲某型破甲弹弹丸装药药柱,导致燃烧并转爆轰,又相继引爆了临时存放点的炸药、作业区堆放的炸药和发射药、附近的弹药库和炸药库,较大的爆炸先后发生 6 次,持续时间两个多小时,引爆和抛撒炮弹 3 万余发、引信 9 万多枚、手榴弹近 5 千枚。

这些由于爆炸事故而抛撒在现场的弹药和引信,安全状况难以确知,是否应当定性为危险品弹药?这是事故衍生缺陷导致危险品弹药的实例。

案例【1-9】山体滑坡压埋弹药。2016 年 8 月 30 日凌晨,某部装备库突发山体滑坡,产生 13000 多 m³ 的泥石流,导致一栋地面炮弹库损毁。库内弹药发生程度不同的堆垛坍塌、弹药箱摔落,部分弹药被泥石流和库房砖石埋压,甚至包装破损,详见第 7 章。

这些摔落和被埋压的弹药,特别是包装受损的弹药,可以肯定的是安全性能受到了程度不同的影响,但具体安全状况一时难以确认,是否应当视为危险品弹药?这是灾害衍生缺陷导致危险品弹药的实例。

5. 使用衍生缺陷

使用衍生缺陷主要是指在使用过程中产生的射击未爆弹。在射击、投掷等使用情况下,产生未爆弹的主要原因是引信(或发火件)不能正常作用,导致弹丸装药不能按预定方式和时机引爆。由于未爆弹含有爆炸物品,并且带引信的未爆弹,其引信全状态难以判断,因此未爆弹具有危险品的特征,决不能弃而不管,必须就地、彻底销毁。射击未爆弹的危险性可由以下案例说明:

案例【1-10】捡拾玩弄未爆弹爆炸致人死亡。1979 年 11 月 13 日,某部进行某型无坐力炮实弹射击,共发射破甲弹 12 发,出现 3 发未爆弹。射击结束后,由于落弹区杂草丛生又被连降大雪覆盖,没能按规定对未爆弹进行彻底清查与处理,有一发未爆弹被当地儿童拣拾玩弄,发生爆炸,死亡 2 人。

1.2.3 危险品弹药的分类

根据上述分析,从弹药或弹药元件所处位置考虑,危险品弹药可以分成以下3类:

1. 库存危险弹药

库存危险弹药是指目前处于仓库储存状态、位于库房内的危险品弹药。这类弹药往往数量相对较多,必须清点、检查并移到库房外的适当位置处才能处理。

2. 事故危险品弹药

事故危险品弹药是指由于各种违规作业、工作疏漏、事故或自然灾害产生的,目前位于事故现场或其附近的危险品弹药,包括安全状况不明的事故弹药。这类弹药数量一般不大(如一箱、一车,但也有例外),但受现场条件、技术手段等限制,处理起来比较棘手。例如,上述"4·7"爆炸事故,库房内存放的数量不明的大量引信、弹药等被抛撒到方圆数百米的地域,清理十分棘手。

3. 射击未爆弹

射击未爆弹是指射击后未爆炸,目前位于目标附件的弹药(如手榴弹)或弹药元件(如弹丸)。这类弹药往往是单发的,但因位处野外,需要预先做好准备,有时存在寻找困难的情况。

出了危险品弹药,就必须及时处理。那么,危险品弹药处理的任务和特点是什么?

1.3 危险品弹药处理的基本任务和主要特点

1.3.1 危险品弹药处理的目的和基本任务

1. 目的

为社会正常活动、部队管理和后续弹药处理(如运到销毁站集中处理)工作消除安全隐患。

2. 基本任务

(1)运输前的预先处理:指由于需要将弹药运到其他地点处理,为保证运输安全需要对弹药进行必要的清理、鉴定,甚至分解和包装加固,对车辆进行必要的防护等工作,简称运前处理。

(2)就地(近)销毁:指对经过运前处理的危险品弹药,就地或就近选择适当地点进行分解拆卸、烧毁或炸毁等工作。

1.3.2　危险品弹药处理的主要特点

（1）安全风险高。由于弹药自身所具有的燃烧爆炸特性，待处理弹药的安全性不能满足需要或不能确认，弹药所处周围环境复杂，正常处理的方法、设备不便使用，因此危险品弹药的处理相对于其他报废弹药工作和装备工作具有更高的风险。

（2）时间要求紧。运输事故弹药不及时处理会影响正常的交通运输，爆炸事故弹药不及时处理会影响事故调查和其他正常工作，未爆弹不及时处理部队就不能按时撤走，库存危险品弹药不抓紧处理将成为部队安全工作的沉重负担。总之，由于危险品弹药的存在是重要的安全隐患，必须尽快处理。

（3）受限因素多，技术难度大。由于受周围环境复杂（如位于交通要道、居民区附近、森林区、斜坡上）等因素的制约，一些标准的处理方法和设备难以或无法使用，加上弹药安全性不能满足要求，一些弹药年代久远、锈蚀严重，拆又拆不开，炸毁既怕炸出事，又怕炸不掉。例如，某单位2003年销毁部分受潮严重的炸药，采取野外平地烧毁法进行处理，药铺厚了，违反规定，也怕引起爆轰；铺薄了，点燃以后可能熄火（实践证明，确实如此），重复点火也不是闹着玩的。总之，相比其他报废弹药处理，技术难度要大不少。

因此，对危险品弹药的处理，要求比其他报废弹药处理还要高。根据多年的实践总结，危险品弹药处理有自身的一些原则需要遵循，并通过规范的程序予以落实。

1.4　危险品弹药处理的基本原则和一般程序

1.4.1　危险品弹药处理的基本原则

1. 专案原则

每次处理，不论数量多少，都必须专门制订方案，并按规定报批。

2. 防范原则

在方案制订和实施过程中，必须明确并严格落实安全要求，采取各种有效的防范措施，落实"双环节"安全防护思想，既要努力防止意外爆炸（含燃烧）发生，又要立足于在意外爆炸发生的情况下，将可能的危害控制到最小和能够接受（依据事故标准）的程度。

3. 最小原则

在满足作业需要和现场等实际条件下，使每次参与作业的人员和现场危险品存放量最小。

4. 指导原则

每次作业一般应有技术专家指导,并必须有符合规定的领导干部(如在2002年全军废旧弹药爆炸危险品处理工作的有关文件中,总部要求有本单位主管部门师职以上领导干部)现场组织指挥。

1.4.2 危险品弹药处理的一般程序

根据实践,参考有关文件规定,危险品弹药处理一般应按下列6步程序进行:

(1)摸清底数。要处理弹药,当然必须掌握弹药的实际情况,通过清查和现场考察等方式,摸清底数,尽可能弄清待处理弹药的品种、数量、生产诸元、配套情况、包装情况、安全状态及存放位置、履历(来源及储存、转运情况)等,还要勘察道路和现场,掌握事故现场和拟选作处理现场的周围环境等有关情况。

(2)制订方案并报批。根据弹药、场地情况和实际具备的设备条件等,制订详细、可行的处理方案,并按规定报本单位领导审批后,报上级主管部门批准(方案的具体内容和制订要求等,以后将结合具体情况详细介绍)。

(3)准备。根据上级批复的方案,进行必要的准备工作,包括:工具、设备、材料、车辆准备,人员培训与动员教育,与地方公安、交管等部门和相关友邻单位联络协调等。

(4)实施。在准备就绪的情况下,按方案要求具体实施危险品弹药的处理。

(5)检查、验收。对照方案要求,对实施结果进行检查、验收。

(6)总结、上报。根据检查、验收情况,进行总结讲评,并向上级报告有关情况。

上述程序不是固定不变的,可以分阶段实施,从而形成循环、嵌套的情形,如准备工作进行完了,可以进行准备工作检查、验收和总结等。

第2章　危险品弹药销毁处理

销毁处理是危险品弹药处理必不可少的最后环节。本章在简要介绍弹药销毁的目的意义、地位作用和常用方法的基础上，着重阐释可能用于危险品弹药处理的分解拆卸、装药倒空、烧毁和炸毁技术的基本原理、一般流程、作业方法和技术要求，旨在为危险品弹药处理奠定技术基础。

2.1　弹药销毁概述

2.1.1　弹药销毁的目的意义

弹药销毁的目的意义在于通过解除报废弹药及其元件的潜在危险性，及时消除安全隐患，有利于提高部队弹药工作的安全水平，节约军队管理资源，减小弹药自身所占资源的浪费。

（1）有利于提高部队弹药工作的安全水平。相对堪用弹药而言，长期储存后的报废弹药，其安全性处于更大的不确定状态。大量、长期储存报废弹药实际上就是大量、长期保留安全隐患，这会对部队弹药工作构成极大的安全威胁。因此，及时妥善地处理报废弹药也就及时消除了相当一部分的不安全因素，有利于提高部队弹药工作的安全水平。

（2）有利于节约军队管理资源。报废弹药是不符合技术战术要求，以及不能用于作战、训练，并且无法修复或无修理价值的弹药。虽然对部队而言已经丧失军事价值，但并未全部丧失燃烧、爆炸特性，其中有些弹药对犯罪分子或恐怖分子仍然具有很强的吸引力。因此，对报废弹药仍然必须进行严格的管理，以防其发生自燃、自爆事故，或者因安全性下降过度，以致无法保证销毁处理的安全，同时避免其失盗而危害社会安定。为此需要消耗军队大量的人力、物力和财力，造成军队大量管理资源的浪费。及时处理报废弹药，腾出其所占用的场地、设施设备、人员、经费，就可以把用于报废弹药储存管理的资源改用在更有价值的地方，有利于加速弹药储备结构的调整优化，减轻不必要的军事经济

13

负担,提高国防投入的效益。

(3) 有利于减小弹药自身所占资源的浪费。从整体上看,报废弹药已经失去了预期的使用价值,但它的部分组成元件作为独立元件或材料资源,仍具有各自的使用价值。报废弹药中可回收利用的材料主要有 3 类,即金属材料、火炸药和包装材料。金属材料的使用价值自不待言;火炸药的回收利用同样具有明显的经济效益,这些元件或材料有些可以作为民用产品的原料,有些可以通过再加工重新成为弹药的生产原料;包装材料则可以直接用于其他弹药。但是,所有这些资源的回收利用,都只能在对其原属弹药进行必要的分解、拆卸等解体处理、能够保证基本的运输和再利用安全的基础上才能实现。可见,弹药销毁可以为实现报废弹药自身所占资源的有效利用提供基本的安全保证,从而有利于减小相关资源的浪费。

2.1.2 弹药销毁的地位作用

和平时期,绝大部分弹药的寿命终点不在训练和作战消耗,而在退役或报废。这些退役和报废的弹药如果不及时进行处理,将构成重要的安全隐患,消耗大量的管理资源,从而严重制约弹药保障其他工作的正常开展。

(1) 弹药销毁是弹药技术保障工作的重要内容。由于报废弹药占用大量仓库库容,致使新弹药的补充或弹药品种的调整受限,进而妨碍弹药储备区域布局调整和结构优化等战备工作。对于以退役或报废为寿命终点的绝大部分弹药而言,没有完成销毁处理工作,其技术保障任务就没有最终完成。对于弹药保障工作而言,不能对退役、报废弹药及时进行销毁处理,就难以形成储存和供应的动态平衡或良性循环,整个弹药保障工作就可能要将大量的资源和精力用于老旧弹药的管理和新库房的建设,也就很难实现可持续发展。

(2) 弹药销毁是弹药安全工作的重要手段。退役、报废弹药一般都经历过数十年的储存,其固有安全性由数十年前的设计与生产水平所决定,一般要低于新型弹药;而长期储存的温湿度等环境应力作用,弹药的安全性总体上有所下降;大量退役、报废弹药积存,致使大量库容被占用,客观上使"报废弹药与现役弹药分库存放"的原则难以落实,易于因混存而导致错发可能性增大。总之,退役、报废弹药是军队弹药安全工作的重要隐患,及时进行销毁处理,有利于提高部队弹药安全工作的总体水平。

(3) 弹药销毁是弹药安全工作的重点环节。弹药销毁涉及储存保管、装卸运输、销毁作业等诸多大环节,其中销毁作业又涉及暂存保管、搬运周转、分解拆卸、装药倒空、烧毁、炸毁等更多的小环节。任意一个环节出现人的不安全行为、物(包括弹药和设施设备)的不安全状态、环境的不安全刺激和管理失效,都有可能引发失窃、失盗,甚至燃烧爆炸事故。而在销毁作业过程中,多数火炸药、火工品都要在一定时间内处于裸露状态,更易于受到挤压、摩擦、撞击、振动等机械作用及外部的电和热的作用,发生意外燃烧爆炸的可能性远比单纯的储存保管大。国内外弹药处理过程中所发生的事故屡见报端就是明证。总之,弹药销毁工作安全风险较高,是部队弹药安全工作的重点。

由于上述 3 个方面的重要作用,弹药销毁在部队装备工作中占有特殊重要的地位。

2.1.3 弹药销毁的常用方法

目前,弹药销毁的常用技术方法主要包括分解拆卸、装药倒空、弹药烧毁和弹药炸毁 4 种方法。在具体的销毁处理过程中,应当根据弹药的结构性能和设备、场地等实际情况,有序选用适当的技术方法及其组合。

1. 分解拆卸

分解拆卸是指利用机械或人工手段改变弹药及其元件的原有结构但保持元件或零部件原有形态基本不变的技术方法。弹药的分解拆卸大体上按装配的反过程进行,一般不对弹药元件或零部件进行切削加工,即分解拆卸后的弹药元件和零部件基本上保持原有形状不变。分解拆卸一般需要多个分解拆卸步骤,如定装式后装炮弹分解拆卸一般包括引信旋卸、底火旋卸、拔弹、取发射药等具体步骤。分解拆卸一般的作业组织形式是先按大件分解,再进行元件的分解,最终要达到的目的是将含能材料(主要是火炸药)或包含有含能材料的元部件与惰性材料(如金属材料)或部件分离开来,为进一步处理做技术准备。分解拆卸可独立使用,但更多的是作为其他销毁处理技术的准备工作而使用。其优点是可以得到较多的回收物资,有利于保持回收物资残值,对环境基本无害;缺点是需要较高的安全防护条件、完备的机械设备和场地,初期投资和运行成本较高。数量较大、回收材料价值高的报废弹药,在安全条件有保证的情况下,尤其适合采用分解拆卸方法进行销毁处理。通常情况下,考虑到安全性和经济性,弹药(特别是炮弹)的大件分解拆卸是普遍的,元件(特别是零部件)则不一定分解拆卸,不做拆卸处理的元件和零部件可采用其他的方法进一步处理。

2. 装药倒空

装药倒空是指利用机械或热作用等手段将弹药元件壳体内的火药、炸药等含能材料倒出而不改变这些含能材料性能的技术方法。装药倒空对象可分成两类:一类是内装发射药(或推进剂)的药筒(或发动机);另一类是内装炸药或其他装填物的弹丸(战斗部)。发射装药(推进剂)的倒空,通常只需要有足够的分解拆卸深度而无须复杂的机械加工,技术上相对简单,通常归入分解拆卸的范畴。而弹丸(战斗部)的倒空需要较为复杂的技术手段,也是装药倒空技术活动的主要内容。因此,装药倒空主要是指弹丸装药的倒空。装药倒空通常要在分解拆卸的基础上进行,其优点是通过含能材料与惰性壳体的分离,便于惰性回收物资的安全再利用,便于含能材料的回收或后续处理;缺点是需要较高的技术和安全条件,初期投资较大,耗能较多,易于产生带药废水等环境污染问题。

3. 弹药烧毁

弹药烧毁是指利用燃烧作用使弹药或其元件中的含能材料释放能量从而消除其潜在危险性的技术方法。能量释放的形式主要有两种:一种是靠外界火焰(热能)一次引燃,含能材料自动维持燃烧过程直至全部消失,火炸药的能量通过燃烧的形式释放;另一种是靠外界火焰持续作用,火炸药的能量以爆燃或爆轰的形式释放。烧毁的标志是弹药或其元件销毁的初始外能来源于火焰加热方式,而不论弹药或其元件本身是燃烧还是爆轰,也不论是否需要补充燃料。烧毁法的优点是适用弹种广。如果仅从释放含能材料的能量角度考虑问题,只要提供足够的燃料和安全防护条件,不管是何种弹药、何种元件或何种含能材料,基本上都可以采用烧毁法来销毁。但烧毁法存在物资回收率较低、有一定的大气污染、需要耗费燃料等缺点,因此通常不是弹药销毁的首选方法。只有对分解倒空难以保证安全或费效比太大、经济上很不合算,以及分离出的含能材料无再利用价值的弹药或弹药元件,其他处理方法不适用或不能用时,才考虑采用烧毁法进行处理。

4. 弹药炸毁

弹药炸毁是指利用爆轰作用使弹药或其元件中的含能材料(多为猛炸药和起爆药)以爆轰的形式释放能量从而消除其潜在危险性的技术方法。按此定义,在弹药销毁领域中,炸毁法只能用于对装有猛炸药和起爆药的弹药或其元件的销毁,不宜用于对实心弹丸或空心弹体等的销毁处理。炸毁法的优点是适用弹种广、费用低,只要具备合适的场地,几乎所有的弹药都可以使用炸毁法销毁,并且除了购置起爆器等小型仪器和消耗一定的炸药、雷管、导火索等,无须很多的初始投入和运行消耗;缺点是回收残值极低、场地要求严、安全风险高。炸毁后的弹药或其元件基本没有回收利用价值,并且对破片、冲击波的防护需要有较大的设防安全距离,存在"哑炮"和炸毁不彻底等隐患。因此,只有在不得已的情况下,如弹药结构复杂或锈蚀、变形严重不宜甚至不能进行分解拆卸和装药倒空,威力、尺寸较大又不适合烧毁时,才考虑选用炸毁法。

2.1.4 弹药销毁的基本原则

弹药销毁必须坚持安全第一、兼顾效益、注重环保的原则。

1. 安全第一

以人为本、安全发展是科学发展观对弹药销毁的本质要求。安全第一,就是弹药销毁的一切工作都要以确保安全为出发点和前提,不具备安全条件,不能确保安全,就不能承担弹药销毁任务,不能实施弹药销毁作业。

2. 兼顾效益

在"安全第一"的前提下,应该兼顾效益,体现"投入较小、效益较高"的装备建设和发展要求,实现节约发展。一方面,在完成弹药销毁任务的过程中,要考虑经费、人力等保障能力,努力节约资源,追求作业线、工房、机具设备和场地的多用途化;另一方面,要考虑大批量退役报废弹药处理效率需求,努力提高作业的机械化和自动化水平,节约人力资源、减轻作业人员劳动强度。同时,应采取以拆卸倒空为主的技术途径,尽量避免采取烧毁和炸毁的处理方法,最大可能地实现弹药材料的回收与再利用。

3. 注重环保

保护环境是人类共同的责任,也是国家和军队有关法律法规的明确要求。随着人们对生态环境质量要求的日益提高和总体环境状态的不断恶化,加之经济水平、科技水平及人们认识水平的不断提高,环保问题逐渐被列入重要的议事日程。即便是在一些偏远地区,也成了不可忽视的问题。在一些发达国家,弹药销毁受到环保部门的严格审查和周边居民的严格监督,不符合环保要求就不允许开展销毁活动。在弹药销毁过程中,一要提供通风等必要措施控制作业环境和劳动保护,避免对作业人员的健康产生不良影响;二要控制污染物的产生和排放,对弹药销毁过程中产生的"三废"(废气、废液、废渣)物质进行必要的处理,通过场地选择等措施减小震动、噪声等公害,将环境污染控制在国家和军队有关标准许可的范围内。

2.2 分解拆卸技术

弹药的分解拆卸是利用一定的技术手段,解除弹药部组件之间的原有连接关系,实现相应部组件的分离并恢复到装配前原有状态的技术过程。分解拆卸是危险品弹药就地销毁的基本技术途径之一,危险品弹药就地销毁采用分解拆卸的主要目的就是将含能材料(如发射药等)和包含有含能材料的火工品(如引信、底火等）与弹药分离开来，进而解除这些弹药装卸运输或后续处理中的最大潜在危险，为危险品弹药移送处理和可能的烧毁或炸毁处理所需的安全运输创造条件。分解拆卸的优点是回收利用率高，环境污染小；缺点是需要专用工具设备，场地要求严，作业难度大，非专业人员不能作业。不同种类弹药结构不同，分解拆卸的程序、方法不尽相同。本节区分后装炮弹、火箭炮弹和迫击炮弹，简略介绍分解拆卸的工艺流程和主要方法与要求。

2.2.1　后装炮弹分解拆卸

后装炮弹是配用于后装火炮的弹药的统称。后装炮弹是利用火药燃气的压力实现弹丸的抛射的，需要使用火炮身管、炮栓等元部件来完成这一过程。后装炮弹通常由引信、弹丸、药筒、发射装药、点火具（或底火）五大元件组成，如图2-1所示。五大元件又可分为战斗部分和抛射部分两大部分。其中，引信和弹丸是战斗部分，通常称为战斗部；而药筒、发射装药和点火具属于抛射部分。

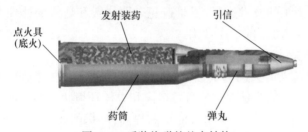

图2-1　后装炮弹的基本结构

按照装填方式，后装炮弹可分为定装式炮弹、半定装式炮弹、药筒分装式炮弹和药包分装式炮弹。

定装式炮弹的各大元件通常结合为一个整体，射击时一次装入炮膛进行射击。这种结构的炮弹有利于提高发射速度，通常装配于自动火炮。典型的定装式炮弹，如图2-2所示。

半定装式炮弹的全弹可分为两个部分，即战斗部和药筒装药，但射击时全弹一次性装入炮膛。因此，这种结构的弹药可以提高发射速度，但受装填手体力的限制，炮弹的全重一般不大，口径通常在105mm以下。除装填方式之外，这种炮弹与药筒分装式炮弹基本相同，其发射药的量可以根据射程的需要而进行调整。典型的半定装式炮弹，如图2-3所示。

药筒分装式炮弹的各大元件可分为两个部分：一部分是战斗部；另一部分是发射装药、药筒和底火。在射击时，这两大部分依次装入炮膛。因此，配用这种结构炮弹的火炮通常射速较低，但其优点是发射药的量可以调整，从而达到

18

图 2-2 典型的定装式炮弹

图 2-3 典型的半定装式炮弹

调整炮弹初速的目的。典型的药筒分装式炮弹,如图 2-4 所示。

药包分装式炮弹可分为三部分,分别是战斗部、发射装药和点火具(通常称为门管)。这种结构的炮弹发射时,需要分 3 次依次装入炮膛。由于这种炮弹的口径通常较大,若用药筒则会过于笨重,因此全弹不含药筒。点火具通常安装在炮栓上,因此这种点火具称为门管,而不称为底火。这种结构的弹药在使用时调整发射药量比较方便,但由于没有药筒的保护,火药燃气对药室的烧蚀比较严重。典型的药包分装式炮弹,如图 2-5 所示。

根据后装炮弹的结构特点,其通常的分解拆卸流程如图 2-6 所示。在确定后装炮弹的分解拆卸详细步骤时,需要充分考虑具体炮弹的性能和结构特点,并据此安排具体的工艺流程。例如,药筒分装式炮弹,不需要进行"弹体与药筒

19

图 2-4　典型的药筒分装式炮弹

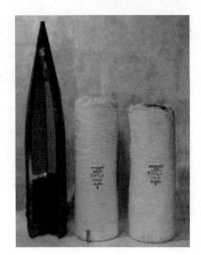

图 2-5　典型的药包分装式炮弹

的分解,即拔弹"。又如,配备弹底引信的弹丸,则不需要设置卸弹头引信工序等。

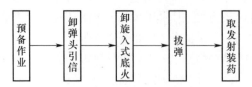

图 2-6　后装炮弹的分解拆卸流程

1. 预备作业

预备作业包括弹药的出库、开箱检查和除油等。在弹药搬运时,要稳拿轻放、严禁箱盖朝下,防止弹药摔落。开箱检查在单独工作间进行,根据不同弹药的性能状况与包装特点,分别选用适合的工具开启包装箱(笼),并尽量保护包装,避免损坏。在取弹时,应避免碰撞,带底火的弹药禁止立放。除油作业需要设置单独的工作间,使用专门除油机或以手工方式进行。

2. 卸弹头引信

整装炮弹的分解拆卸,应先卸去弹头引信。相对而言,旋卸引信是危险性较大的作业环节,在引信旋卸过程中,弹丸装药可能受到不同程度的挤压或摩擦,而存在着意外爆炸的可能性,因此必须隔离操作,以免发生人员伤亡事故。所谓隔离操作,是指利用抗爆小室使操作人员与拆卸的炮弹相隔离,这样万一拆卸过程发生意外爆炸,由于隔离操作抗爆小室的作用,不会对操作人员造成伤害。

3. 卸旋入式底火

定装式炮弹在卸下引信后或在进行弹丸与药筒分解前,通常先应卸下旋入式底火。药筒分装式炮弹在取出发射装药之前,也应卸下旋入式底火。卸底火一般使用专用的设备,较易旋卸的底火也可以用专用扳手手工卸下。卸底火作业应在单独工作间进行,作业中应有防止底火坠落和防止碰撞底火的措施。底火卸掉后应采取必要措施,防止药筒内药粒撒出。对于不易卸下的底火,应在拔弹和倒出发射药之后,选择专门场地,在药筒上对底火做击发处理。

4. 拔弹

拔弹是指通过一定的工具和设备将弹丸与药筒分离,此项操作应在单独工作间内进行。炮弹拔弹以后,应及时输送到倒取发射药工序,避免发射药长时间滞留在药筒内或弹体上。尾翼上带有药包的弹丸,如滑膛炮榴弹弹丸,拔弹后应首先取下尾翼药包,待摘除发射药包后方可进行弹丸的进一步处理。

5. 取发射装药

取发射装药作业需要在单独工作间进行。对于定装式炮弹的药筒装药,在工作台上用铜钩子从药筒中取出紧塞具,再取出支筒和下纸盖,然后倒出除铜剂、发射药,取出点火药包和护膛纸,并将倒出的物料分别装箱。对于分装式炮弹的药筒装药,先将紧塞具取出,再将除铜剂、发射药束(包)、点火药包和护膛纸等取出。

2.2.2 火箭弹分解拆卸

火箭弹是利用推进剂燃烧生成的气体向后喷射所产生的反作用力使弹体

向前飞行的无控弹药。从结构上看,火箭弹一般由战斗部、动力部(火箭发动机)和稳定装置组成,如图2-7所示。火箭弹的动力部是其区别于其他弹种的典型结构特征。火箭弹的动力部通常由燃烧室、推进剂、挡药栅、喷管和发火装置5个部分组成。燃烧室平时用于盛装推进剂,连接前端的战斗部和后部的喷管;发射时作为推进剂的燃烧空间,承受燃气的压力和烧蚀。推进剂是火箭弹飞行的能源。挡药栅平时用于固定推进剂,使之不能发生前后窜动;发射时可防止破碎的推进剂堵塞喷管发生危险。喷管是高温高压燃气由燃烧室流出的通道,其主要作用是控制燃烧室内的压力、排气方向、排气质量,并能够提高喷气的速度,增大火箭弹的动力。发火装置是推进剂的点火源。

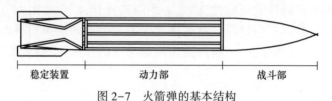

图2-7　火箭弹的基本结构

　　火箭弹的分解拆卸流程,如图2-8所示。火箭弹分解拆卸预备作业和卸引信的方法及要求与后装炮弹基本相同。

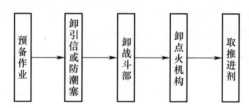

图2-8　火箭弹的分解拆卸流程

　　战斗部与动力部的分解,应使用专门的火箭弹旋分机,在单独工作间进行。机械设备安装的位置与方向,应使战斗部朝向空旷区域或在战斗部朝向上设置挡弹设施,火箭弹动力部的火焰喷管方向上的一定范围内,应避免人员、易燃易爆物及其他物体的存在。战斗部与动力部的分离,应首先卸下固定战斗部与动力部连接螺的驻螺;然后将战斗部与动力部分解开。

　　在卸点火机构时,应使用专用扳手,在单独工作间进行。对于配有电点火头的点火装置,在拆卸时要先剪断导线,从燃烧室取出后,应将两对引出导线拧合在一起呈短路状态。在作业中,应避免弄破点火药盒而导致药粒撒出。若有点火药粒撒落,不管是燃烧室内的还是作业场地上的,都必须及时彻底予以清除。

取出推进剂的作业应在单独工作间进行。在作业中,对于徒手不易取出的推进剂,可先用带有一定锥度的有色金属棒插入药柱的中心孔内,取出第一根,再将其余部分全部取出。

2.2.3　迫击炮弹分解拆卸

迫击炮弹是配用于迫击炮的弹药的总称。迫击炮弹一般由引信、弹丸、基本药管和附加装药四大元件组成。其中引信和弹丸属于战斗部分;基本药管和附加装药属于抛射部分。迫击炮弹的基本结构如图 2-9 所示。

图 2-9　迫击炮弹的基本结构

迫击炮弹的附加装药通常由若干个药包或药盒组成。通过调整药包或药盒的数量,可以改变弹丸的出炮口速度,进而实现不同的射程。采用药包和药盒的迫击炮弹,如图 2-10 所示。

图 2-10　采用药包和药盒的迫击炮弹

迫击炮弹的分解拆卸工序主要包括预备作业、取下附加装药、卸引信或防潮塞、拆下基本药管等,其工艺流程如图 2-11 所示。

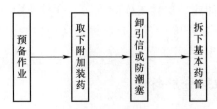

图 2-11　迫击炮弹的分解拆卸工艺流程

在迫击炮弹的分解拆卸过程中,各作业工序均应设置单独的作业间,采用专用机械设备或工具进行作业。在取附加装药时,有系带的药包应先剪断系带。对于非整装的全备迫击炮弹,可直接从包装箱内取出用密封盒包装的附加装药,然后开盒取药。卸引信或防潮塞的操作方法与分解后装炮弹的操作相似。

从弹尾上取基本药管时,一般应使用基本药管拔出器、扳手和一些专用夹具。首先将弹体固紧于夹具上;然后用基本药管拔出器拔出基本药管。在操作过程中,严防撞击基本药管底火部位。若基本药管管壳膨胀难以拔出,不应强行拔、撬或敲打,可连同弹尾一并处理。

卸下的引信、基本药管做烧毁炉烧毁处理,附加装药做销毁场烧毁处理。不能取出的基本药管,可连同弹尾一起从弹体上旋下,带有基本药管的弹尾做销毁场或烧毁炉烧毁处理。

2.3　弹药装药与倒空技术

倒空,顾名思义,是指将容器(箱、罐、瓶、壳等)内的装填物倒出,使容器恢复至中空状态的过程。弹药的倒空特指通过一定的技术手段将弹药元件壳体内的火药、炸药等含能材料倒出,使含能材料和壳体脱离的技术操作过程。

弹药倒空对象可分为两大类:一类是内装发射药(或推进剂)药筒(或发动机)的倒空;另一类是内装炸药弹丸(战斗部)的倒空。发射药和部分推进剂的倒空,操作简便,不需要复杂的机械设备,可通过分解拆卸方法进行处理。内装炸药弹丸(战斗部)的倒空,一般所需技术手段复杂,因此本节所介绍的弹药倒空主要是指弹丸所装炸药的倒空。所以,通常所说的弹药倒空是指将弹丸内炸药与弹丸壳体分离的操作过程。

2.3.1　弹药装药技术

由于弹丸的装药种类和装药方式直接影响着采用哪种倒空方法,因此首先应该了解一下弹药是如何装入弹体内的,也就是弹药装药技术。

弹药装药技术是研究如何将炸药装入弹体中,并满足长期储存和作战使用要求的技术。

爆炸装药(简称装药)可以直接在弹体药室中制成,也可以预先制成而后固定于弹体药室内。前者称为"直接装药",后者称为"间接装药"。装药制备是弹药装药的核心,它主要包括注装技术、压装技术、塑态装药技术 3 种装药方法。

1. 注装技术

注装技术是将炸药熔化,经过预结晶处理,再将其注入弹腔或模具中,经护理、凝固、冷却制得装药的一种工艺方法。注装技术适用于熔点较低,在高于熔点 20 ~25℃时,数小时内不分解,蒸气无毒或毒性较小的炸药。

2. 压装技术

压装技术是将散粒状炸药装入模具或弹腔中,用冲头施加一定的压力,将散粒体炸药压成具有一定形状、一定密度、一定机械强度的药件或装药的工艺方法。采用这种方法时,装药的机械感度要低,而且要求炸药具有较好的成型性。压装技术适用的炸药有 TNT、钝化 RDX 等。

3. 塑态装药技术

塑态装药技术是使待装炸药处于塑态,装入弹腔后再变成固态的工艺方法。将两种以上的炸药混合配制成遇热呈塑态、常温呈固态的混合炸药,然后采用专用设备将炸药装入弹腔,此法主要用于迫弹等装药。它的优点是设备简单,生产效率高,适用弹种广,装药质量较好;缺点是对于装药报废的弹体,废药熔化倒空时较为困难。

2.3.2 弹药倒空技术

根据弹丸的结构特点、装药的性质及倒空技术适用条件,倒空方法分为许多种。弹丸装药的多样性决定了倒药方法的多样性,目前的倒药方法有许多种,本节主要对常用方法做简要介绍。

1. 蒸气加热倒药

蒸气加热倒药是利用蒸气的热量加热装在密闭容器(倒药间或箱)内的弹丸,待炸药温度上升至其熔点后,炸药开始熔化,并自动从朝下立放的弹体口部流出。这种方法主要适用于装 TNT 炸药的弹丸(因为 TNT 熔点为 80.2℃),或者装 TNT 混合炸药且炸药熔点在 120℃以下的弹丸,同时要求炸药在熔化时不发生分解。若炸药的熔点较高,大于 120℃,为使炸药熔化必须提高蒸气的压力,这将提高设备的复杂程度,降低作业的安全性,目前的条件还达不到这一要求。

2. 热水脱药

热水脱药适用于采用间接装药方式装填的弹丸。因为采用间接方式装填弹丸时,首先将炸药预先压制成药柱,然后将其装入弹腔,并用黏结剂固定。固定药柱的黏结剂的熔点较低,加热至80℃左右即可使其熔化。这样就可以依照装药的反过程,即先加热使黏结剂熔化,再将药柱倒出。为了提高热水脱药的效率,在使用盛弹笼和加热水槽的基础上,还可装备振动机。在热水加热弹丸的同时,采用振动机对弹丸施加振动,以加快热水脱药的效率,使药柱顺利地从弹丸中脱出。

3. 预热挖药倒空

对于加热后仅能呈现热塑态的装药,由于无法利用炸药自身的重力而下落,只能采用预热挖药的方式来倒空。这种方法是先对弹体预热加温,使炸药呈良好的塑性状态,然后用专用工具将炸药从弹丸或战斗部内掏挖清理出来。该方法的优点是简便易行,不需要复杂的技术设备,投资费用较低;其缺点是效率很低。

4. 浸泡倒药法

当弹丸装药中含有大量的水溶性成分时,如装硝铵炸药的弹丸,可以采用水浸泡的方法倒空装药。由于硝铵的主要成分为可溶于水的硝酸铵,因此可用浸泡法倒出。

浸泡倒药的设备很简单,主要是一个具有一定容量的浸泡池,该池通过管道与污水池连通,以便排放污水。在倒药时,应首先将弹丸的头螺或炸药管旋去;然后将弹丸横卧在水池中,加入适量的水淹没浸泡。浸泡时间随弹径的大小和水温而异,水温高有利于装药的溶解。对于装硝铵炸药的弹丸,在水温25℃时,一般需要浸泡 2~3 天;在水温低于20℃时,浸泡时间则需要长一些。在弹丸内装药呈糊状时,倒出装药并用刷具将弹腔刷洗干净。

2.4　弹药烧毁技术

烧毁法是弹药销毁处理常用的一种技术方法,多用于燃速较低的发射药、不便且回收价值较低的弹丸或零部件装药,以及尺寸较小、威力较低的整弹、火工品和带火工品的弹药零部件的销毁处理。弹药烧毁法的基本原理是利用外部燃烧作用促使含能材料以燃烧或爆轰的形式释放能量进而消除其潜在危险性。按照烧毁过程中是否需要补充燃料以维持烧毁的连续性,弹药烧毁法可以分为烧毁炉烧毁和销毁场烧毁两种方法。

2.4.1 烧毁炉烧毁

采用烧毁炉烧毁方法时,烧毁过程中需要视情况(炸熄或温度不足)适时补充燃料、多次及时点火才能保持连续烧毁。作为一个弹药烧毁系统,烧毁炉主要由炉体、炉底、导料斗、进料斗、防破片冲出装置、火焰检测器、供火系统等组成,如图 2-12 所示,其中供火系统包括供油管、供风管和电点火头。

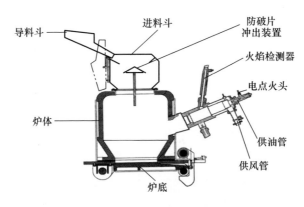

图 2-12　烧毁炉的基本结构

烧毁炉体是弹药爆燃产物的围护封闭机构,是系统的主要组成部分,主要由炉体壁、炉衬、进料斗和炉底等组成。炉体壁一般用钢材整体浇铸而成,上部为空心圆筒体,壁厚 100mm 以上,下部从炉体底切面约 400mm 高处内收300mm,喷火管安装在此拐弯处。其目的是与喷火管安装角度相配合,使火焰能覆盖整个烧毁区,并增加炉体的抗爆强度。炉体外部用石棉和钢筒包裹,以提高炉体的保温隔热性能。炉衬位于炉体壁下部内侧,多采取整体浇铸,部分采用拼装结构,炉衬为易损部件,设计成可更换形式。炉体下部炉壁所承受的破片侵彻、爆炸冲击作用较大,炉衬设在此部位,可以提高烧毁炉体的抗爆能力,延长炉体的使用寿命。炉衬制作成上大下小的锥台形,有利于火焰的均衡分布,避免发生烧毁死角。

进料斗的主要用途是承接弹药、防止炉内破片外飞。送料机构传送来的弹药,到达炉体上方时,通过进料斗导入烧毁炉内。进料斗的下部中央部位设有防破片飞出的导板,该导板的结构、形状及安装位置不但具有防破片飞出的作用,而且要保证弹药能顺利落入烧毁炉内。进料斗由不低于 10mm 厚的钢板制成,焊接或螺接在炉体的顶部。

对炉底的要求主要是在烧毁过程中能够密闭烧毁炉底部、承载炉内破片和冲击波等作用及弹药和残渣重力,出渣时可靠开启、便于出渣,为此炉底设置成启闭式。炉底的一侧通过炉底轴座与底板焊接而与炉体相连,可绕炉底轴转动。与之相对应的一侧,则通过炉底挂钩启闭装置和炉底挂环鼻相连。在平时或工作时,炉底挂钩启闭装置处于闭合状态,当解除炉底挂钩的作用后,可通过手拉葫芦实现炉底的开启与闭合。

2.4.2 销毁场烧毁

销毁场烧毁的具体方法有多种,只要能够保证销毁彻底和安全即可。本节主要介绍目前较常用的平地铺药烧毁。采用销毁场烧毁弹药时,一般都是一次性点火,烧毁过程中无须补充燃料,靠含能材料自身燃烧释放的热能或事先设置好的燃料燃烧提供的热能保持连续烧毁。

采用销毁场烧毁弹药时,对销毁场地有一定的要求。销毁场应远离城镇、村庄、公路、铁路主干线、通航河流、高压输电线及其他重要建筑,最好设置或选择在周围有自然屏障的地方。销毁场边缘与场外建筑物的距离应符合设防安全距离要求,如表2-1所示。销毁场应避开茂密植被与森林地带,地面应为不带石块的土质地,严禁在黄磷弹射击弹着区、黄磷弹烧毁场和炸毁场等有可能残留黄磷的场地上进行其他火炸药、火工品和弹药的烧毁。在这些场地上,不能避免残留黄磷的存在,由于土壤的隔离作用,这些黄磷经几年、十几年甚至几十年都不能完全自燃。在烧毁作业中,作业人员踩踏或火炸药及其包装箱的触动,便可能使黄磷重新暴露于空气中发生自燃。显然,在这样的场地上进行火炸药的铺药烧毁作业是相当危险的。

表2-1 火炸药烧毁量与设防安全距离

烧毁品种	一次最大烧毁量/kg	设防安全距离/m
无烟药	1000	
梯恩梯(TNT)	500	
黑索今及其混合炸药	100	220
特屈儿	100	
太安	50	

注:周围有自然屏障时,设防安全距离可适当减少。

另外,通往销毁场的道路应平坦,能保证运输车辆安全顺利通行;销毁场的烧毁区面积足够、地势平坦;烧毁区周围应有较大的停车区,便于停车、回车,便于弹药卸车。

平地铺药烧毁的基本原理是:将待烧毁的弹药及必要的引燃物按一定要求铺设在平整地面上,一次性点火,主要靠弹药中的含能材料燃烧释放的热能,维持燃烧并实现含能材料自身的销毁。平地铺药烧毁适用销毁不带壳体的发射药(含推进剂)、炸药等。需要注意的是,黑火药不能采用平地铺药烧毁法。因为黑火药燃烧速度太快,烧毁时会发生爆燃现象,极易发生事故。

平地铺药烧毁的作业流程主要包括准备弹药、铺药、设置点火具与铺设引火道、点火和检查清理,如图 2-13 所示。

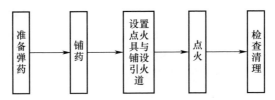

图 2-13　平地铺药烧毁的作业流程

准备弹药的主要任务包括开箱检查,剔除黑火药等不适宜平地铺药烧毁的危险物品及雷管、火帽等易于起爆的火工品,拣出不必和难以烧毁的惰性杂物。对长管发射药和大块炸药,应予折断或用木锤敲碎。火药和炸药不得混烧。

在铺药时,应选择在销毁场平整无石块、地面踏实处作为铺药地点。若地面凹凸不平,则将给铺药作业带来极大不便;若地面疏松,则铺设的部分药粒就有可能被松土所掩埋,以致无法彻底烧毁。因此,在铺药地点不符合要求时,应事先予以平整清理。按顺风方向将火药或炸药铺撒成长带状,药带的厚度和宽度应符合表 2-2 中的规定,铺药的长度根据场地大小和任务量确定。

表 2-2　野外烧毁火炸药时对铺设药带的要求

品　种	最大铺设厚度/cm	最大铺设宽度/m
炮用无烟药	1~3	1~1.5
枪用无烟药	1~2	1~1.5
太安炸药	≤0.2	0.2~0.3
其他各种炸药	1~2	0.2~0.3

当风力较大、风向不定时,药带宜铺设短一些,以避免发生顺风燃烧火势失控的不良情况。当烧毁量较大且场地面积允许时,药带则可长些或将火炸药铺设几条互相平行的药带同时烧毁,但各药带之间的距离不应小于 20m,以防止各药带在同时燃烧时互相波及烘烤,而引起发射药串燃等不良情况。铺药过程应由人工实施,运输火炸药的汽车不准开进烧毁作业地点,更严禁直接在汽车

上,边行进边倒撒铺药。汽车排气管及其排出的高温气体,易造成意外起火。为保证安全,汽车应在距烧毁作业地点50m以外的停车场停驻和卸车,在汽车未开出危险区之前,烧毁作业不准进行。

待烧毁的火药、炸药及必要的引燃物铺好后,一般应在下风位置、紧挨火炸药的引燃物处,设置点火具或铺设引火道。点火具设置的一般方法是:取适当长度的导火索,一端插入黑药包中,然后将此插有导火索的黑药包埋放在药带下风端的火药或炸药内;另一端剪成斜面或插上拉火管。为保证点火人员从容地撤离,导火索的长度应足够,通常以人员中速步行从点火处行走至掩蔽处所需时间的2倍计来确定截取导火索的长度。为防止点火后导火索自然卷回引起药带过早起火,应将导火索用土块压住固定。引火道铺设的一般方法是:用颗粒状、片状或管状的易于点燃、燃速较慢的炮用发射药,在烧毁药带的下风端做引火道,引火道的长度和用药量以保证可靠引燃烧毁药、确保点火人员安全撤离为准。必要时,引火道可以与点火具结合使用。

在火炸药烧毁时,应采用逆风间接点火。逆风点火,就是在顺风向铺设药带的下风端点火。不能从上风端点火,目的是确保药带稳定燃烧,避免火借风势刮向尚未点燃的火炸药,发生大面积串火燃烧,致使散热不及、温度剧升而发生爆燃或爆轰。间接点火,就是对火炸药烧毁药带,不准近身直接点火,以防作业人员点火后撤离不及时,发生伤人事故,特别是在烧毁空包药或多气孔火药时,由于其燃速很快,若近身直接点火,则点火人员容易被烧伤或被辐射灼伤。点火具可用火柴点燃,也可用拉火管点燃,引火道则一般用火柴点燃。

火焰熄灭后,作业人员应进入烧毁现场进行彻底的检查清理。主要内容有两个:一是清除易燃物,将现场漏烧的和未燃尽的火药粒或炸药碎块仔细地拣起来,特别要注意寻找烧毁药带周边处未燃烧的残药,务求清理彻底,对收集起来的残留火药或炸药,应重新进行烧毁,严禁遗弃掩埋;二是清理火种,检查清理火种等火灾隐患,在植被干燥季节尤为重要。火炸药中混杂有油纸、护膛纸、纸垫、纸筒等类物品时,在火炸药燃烧瞬间,这些燃速较慢的物品被高温气流带到空中四处飘散,有的甚至可飘散到数百米之外,落到山林、草丛中引起火灾,最好在弹药准备或铺药时捡出。

2.5 弹药炸毁技术

炸毁是弹药销毁处理的技术方法之一,它不需要复杂的机械设备,简便易行。对于使用前述分解拆卸、倒空、烧毁等方法不能有效处理的弹药或弹药元件,如不能旋卸引信或头螺的装猛炸药的弹丸、断柄的木柄手榴弹,特别是对于不能移动的射击未爆弹药,比较适用于采用炸毁法进行销毁处理。

2.5.1 弹药炸毁的常用方法

弹药炸毁的基本原理是利用爆轰作用使弹药中的起爆药和猛炸药以爆轰的形式释放能量,从而消除其潜在危险性。爆轰作用来源于起爆炸药和弹药间的殉爆。因此,未装猛炸药、无法起爆或无殉爆能力的弹药,不宜采用炸毁法进行销毁处理。此外,易留安全隐患的弹药,如黄磷弹炸毁时易于产生黄磷留坑或抛散,从而长期遗留或大范围产生火灾隐患,也不宜采用炸毁法进行销毁处理。

根据目前常用的炸毁方式,按照是否需要设置爆破坑、起爆点火方式、同时起爆的炸点(坑)的多少,弹药炸毁法可以分为装坑爆破法和地面爆破法、火力引爆法和电力引爆法、单点(坑)炸毁法和多点(坑)炸毁法。

1. 装坑爆破法和地面爆破法

装坑爆破法,是将弹药按一定的形式堆码在爆破坑内,然后用土掩埋,采用电力法或火力法起爆,使坑内弹药炸毁。由于把弹药堆码并掩埋在爆破坑内炸毁,因此该方法具有破片飞散距离小、炸毁彻底等优点。

地面爆破法,就是将弹药放置在地表面,利用支撑物、紧挨(不一定接触)弹药上方放置起爆用炸药、安装电雷管或带点火具的火焰雷管,采用电力法或火力法起爆,使弹药炸毁。其缺点是由于难以采取破片防护手段,设防安全距离要求比较大、场地要求比较高;优点是可以不移动、不接触弹药。

2. 火力引爆法和电力引爆法

按起爆点火方式不同,炸毁法可分为火力引爆法和电力引爆法两种。火力引爆法采用火焰雷管起爆,这种方式具有操作简便、不需要复杂的仪器设备等优点;缺点是导火索及火焰雷管性能检测为破坏性的,只能抽样检测,因此起爆点火的可靠度不能保证百分之百,有时会发生点火故障;同时,对点火人员的心理素质要求比较高。电力引爆法采用电雷管起爆,由于电雷管及其与导线构成的全线路都可以用仪器无损检测出它的性能参数,并可以做到全数检测,进而可避免抽样检测那样的推断错误,因此这种方式的点火可靠度较高。但这种方式需要一定的检测与起爆仪器,操作相对复杂一些;而且远距离上实施电力引爆法,存在需要较长导线、布设不便、易受杂电磁干扰等问题。

3. 单点(坑)炸毁法和多点(坑)炸毁法

从一次炸毁的炸点(坑)的个数上分,可把炸毁法分为单点(坑)炸毁法和多点(坑)炸毁法两种。对地面爆破法,一般称为炸点;对装坑爆破法,一般称为炸坑。由于炸点之间会相互影响,因此地面爆破法一般不实施多点炸毁。单坑炸毁采用一个爆破坑,这种方式下便于作业现场管理,作业质量和安全也比较容易保证,在炸毁数量不大、作业人员少的情况下,通常采用单坑炸毁方式。多坑炸毁采用两个或更多的爆破坑,多点同时展开技术作业,一次装坑完毕,同时或依次引爆。这种方式的优点是一次炸毁弹药量大、效率高;缺点也比较明显,即作业现场管理控制比较困难,各作业点之间有一定的相互干扰。例如,当几个炸点同时采用火力法起爆点火时,同时有几个操作员实施点火作业,由于动作快慢不一,会使动作较慢者造成精神压力,并进一步引发动作紊乱失调,因此导致点火失败。电力法起爆点火通常采用雷管串联的形式,这种形式对雷管之间的电阻差有着较严格的限制,这就需要对电雷管的电阻进行精确的测定和编组,否则可能出现"低阻拒爆"现象。

2.5.2　弹药炸毁的技术要求

从弹药销毁的根本目的和基本原则出发,对弹药炸毁作业的根本要求是引爆顺利、炸毁彻底。所谓引爆顺利,就是所有炸点一次起爆点火成功,避免排除"哑炮"带来的高安全风险。所谓炸毁彻底,就是在起爆点火后,所有弹药及其元件全部炸毁,无不爆或半爆情况,以避免清坑、收集、再次组织炸毁所产生的额外风险。

为此,无论采取哪种具体炸毁方法,组织实施弹药炸毁都必须满足下列一般要求。

1. 周密计划

组织实施弹药炸毁作业,必须以专项的实施方案为指导。实施方案应当符合炸毁弹药的结构性能特点和技术力量等实际,符合有关弹药销毁处理的法规制度和技术标准,在实地考察相关道路、场地、周边社情等情况的基础上,做到任务分工明确、组织机构健全、责任到人,进度计划和操作规程内容周详、步骤科学、方法可行、要求合理,安全防范预案齐全、措施有效。

2. 精心准备

必须严格按照实施方案的要求,认真进行物资和车辆准备、道路和场地准备、弹药和起爆器材准备、人员培训等准备工作,必要时应与地方公安、交通管理部门进行沟通协调,适时进行准备工作的检查、验收。

3. 严密实施

在实施炸毁作业过程中,必须严格执行实施方案,统一组织指挥,严密布设安全警戒,确保各类装备状态良好、各类人员齐全到位;必须严格遵循有关规定,严密组织弹药和起爆物资、器材等爆炸品的装卸运输;严格遵守操作规程,严密组织弹药检查、挖坑、装弹、起爆点火、清坑等技术作业;严格加强现场管控,严防无关人员进入,及时纠正违章行为;遇有突发情况,严格按照相关预案要求进行处置。

4. 严守规定

除了必须遵守有关弹药安全管理规定,还必须遵守下述规定:

(1) 炸毁作业前,应仔细清查销毁场,将牲畜和无关人员清出,在危险区的边界上设置警示牌,在危险边界的路口或视界好的地方设置境界哨,严禁行人和牲畜进入危险区。

(2) 炸毁作业需要使用火柴时,应由现场指挥人员携带,严禁其他人员携带火种进入作业场地。

(3) 不应在雷雨、雨雪、大风、严寒、炎热的天气或夜间进行炸毁作业。作业过程中出现上述天气时,应及时停止作业,并对现场待销毁弹药做妥善处理。

(4) 当日内不宜在同一地点连续进行火炸药、火工品和弹药的炸毁作业,若需在同一地点连续作业,则必须在彻底清理余火、地面冷却后再进行。

(5) 可能留有黄磷的场地不允许用作弹药炸毁。炸毁场边缘至场外建筑物的距离应符合表 2-3 中的规定。

表 2-3 炸毁场设防安全距离

炸毁弹种	设防安全距离/m
手榴弹	500
口径小于 57mm 的弹药	650
口径小于 85mm 的弹药	910
口径 85~130mm 的弹药	1430
口径大于 130mm 的弹药	1820

注:周围有自然屏障时,设防安全距离可适当减少。

(6) 采用电力引爆法炸毁弹药时,不允许使用移动电话、对讲机等无线通信器材。炸毁场边缘至场外无线电发送设施的距离应符合表 2-4 中的规定。

表 2-4 炸毁场距无线电发射机的安全距离

发射机最大功率/W	安全距离/m
30~50	50
50~100	110
100~250	160
250~500	230

发射机最大功率/W	安全距离/m
500~1000	305
1000~3000	480
3000~5000	610
5000~20000	915
20000~50000	1530
50000~100000	3050

2.5.3 爆破坑的设置

作业实施阶段的第一项炸毁技术作业就是爆破坑的设置,即根据所炸毁弹药的弹径、数量、装坑堆码方法及地形情况挖掘爆破坑,依照装坑原则将弹药堆码装入爆破坑内,再将预先准备好的引爆炸药放置并掩埋好。爆破坑的设置是关系到能否炸毁彻底的关键性作业,如果在这一作业过程中出现操作不当,就不能保证一次炸毁彻底,还会对作业安全带来不利影响。为了保证炸毁彻底,要在爆破坑的设置作业中采取正确、合理、规范的方法,认真仔细地进行操作。

1. 爆破坑的挖掘

挖掘爆破坑应选择在土质坚硬而没有石块的地方,以有利于挖掘作业和避免抛出飞石。爆破坑的大小和形状依据炸毁弹药的弹径、数量、装坑堆码方法及地形地貌等情况确定。爆破坑的形状一般以平底漏斗状为好,当采取梯形装坑法时,也可挖成方坑。坑的深度一般为1m左右。当炸毁弹药的弹径大或每坑数量较多时,爆破坑可挖掘得大一些;反之,则可挖掘得小一些。当炸毁场的地形较为平坦、开阔时,爆破坑应挖掘得深一些,以减少破片飞出的数量和破片飞散的距离。当进行多坑同时炸毁且用火力法起爆时,为了防止先引爆的弹坑对尚未引爆弹坑的轰击、震动等不良影响,坑与坑之间的距离一般不应小于25m。当用电力法多坑同时引爆炸毁时,由于各坑爆炸的同时性要好一些,因此坑与坑之间的距离可适当缩短,以方便布线作业。在坚硬难挖的地点挖掘爆破坑时,为了减轻劳动强度和加快挖坑作业的速度,可采用小型炸药包在一定深度的土层中爆破的方法,炸松土层,挖掘爆破坑。

2. 弹药的装坑

弹药的装坑是关系到能否完全彻底炸毁的重要作业。要保证全坑弹药一次性炸毁彻底,弹药装坑时必须遵循弹药装坑原则:壳体薄、装填炸药多、威力大、易起爆的弹丸码放在弹药堆的中央和上层；弹壳厚、装填炸药少、威力小、难起爆的弹丸码放在弹药堆的下层和周围；弹体间要尽量密切接触，并使上层弹体紧靠下层弹体逐渐向上收缩堆顶。由于弹药堆的中央和上层为弹壳薄、易起爆的弹丸，因此可用较少的引爆炸药将弹药引爆。由于中心弹和上层弹药的装药多、威力大，并且逐层密切接触，因此引爆炸药引爆中心弹和上层弹药后，能充分利用弹丸内炸药的殉爆作用从中央向周围、从上至下地将坑内的弹药全部炸毁。这样就可以报废弹药炸毁报废弹药，即利用易引爆且爆炸威力大的弹药去炸毁变质严重或装药少、难以起爆的弹丸，克服爆炸不完全现象，并节省引爆炸药用量。

在弹药装坑时，应依据弹药的种类、弹径、数量等情况，选择适宜的装坑堆码方法。常用的弹药装坑堆码方法有立式装坑法、辐射状装坑法和梯形装坑法3种。

（1）立式装坑法。立式装坑法适用于弹丸个体较大、品种单一情况下的炸毁，其示意图如图2-14所示。依据弹药装坑原则，首先选择一个弹壳薄、装药多、威力大、易起爆的弹丸做中心弹，立放在爆破坑中央，其余弹丸倾斜地立放在中心弹的周围，使弹口均向中心弹靠拢。在堆码时，应避免周围弹过分倾斜及中心弹过分高出周围弹。周围弹过分倾斜，无法实现弹药之间易起爆部位的密切接触，中心弹过分高出周围弹，则不容易放置引爆炸药包，而且不能保证引爆炸药可靠地将爆破坑内的弹药引爆。为了避免中心弹过分高出周围弹，在堆码时可先将中心弹埋入爆破坑内，一般埋至弹带部位，然后倾斜堆码周围弹。依照上述要求将弹药堆码好后，再将弹堆周围的空隙用土填实，以固定弹堆，防止其受震后或在放置引爆炸药时弹丸移位或弹堆倒塌。

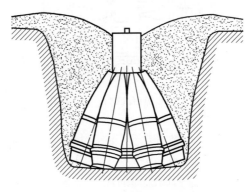

图2-14 立式装坑法示意图

当炸毁弹药的品种杂、个体小、数量多时，不宜采用立式装坑法，这是由于弹药品种繁杂、个体小、数量多的情况下,既不方便立式装坑堆码作业,又由于每坑所装弹丸的数量较少,不利于提高炸毁容量。对于弹体较小的弹丸,虽然按装药量计算每坑所装弹丸的数量远远小于规定限量,但由于装坑方法的限制,也无法在一坑内装入更多的弹丸。当要炸毁较多的小口径弹药时,则需要设置更多个爆破坑,进行更多次的爆破作业,从而给我们的炸毁工作带来极大的不便。因此,当弹药种类繁杂、弹体较小、数量较多时,不宜采用立式装坑法,而应采用辐射状装坑法。

(2)辐射状装坑法。辐射状装坑法示意图如图 2-15 所示。依据弹药装坑原则,首先选择一个弹壳薄、装药多、威力大、易起爆的弹丸(或捆扎一个直径、长度适宜的炸药包)作为中心弹,立放在坑的中央,并将其弹尾部(弹带以下部分)埋入土内;然后将其余弹丸呈辐射状逐层地堆码在中心弹的周围,直至与中心弹弹口齐平。在堆码时,那些弹壳厚、装药少、威力小、难以引爆的弹丸应堆码在弹堆的下层,而弹堆的上层部分和最上层则应堆码弹壳较薄、装药较多、爆炸威力较大、较易引爆的弹丸。中心弹及上层弹应选取不带引信的弹丸。每层弹丸的易引爆端(榴弹为头部,穿甲弹则是尾部)应靠近中心弹。每层弹应互相紧靠、码平,上层弹应对靠下层弹间隙堆码,以增大各层弹之间的接触面积。最上面的几层弹应逐层减少数量,以便收缩堆顶,进而保证堆顶端能被炸药包爆炸作用区覆盖。

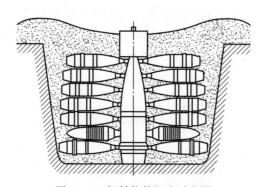

图 2-15 辐射状装坑法示意图

中心弹周围堆码的弹丸层数,以高度不超过中心弹为准。如果中心弹的高度过分高于或低于周围弹的高度,可调整中心弹埋入土中的深度,也可以调整周围弹堆码的层数,使中心弹和周围弹的高度概略一致,以利于引爆炸药可靠地将爆破坑内的弹药引爆。辐射状装坑法是应用较多的一种弹药装坑方法,当弹药品种繁杂、弹径大小不一、数量较多时,宜选用辐射状装坑法。

（3）梯形装坑法。梯形装坑法示意图如图2-16所示。将弹径一致的弹体一个紧靠一个地并排层叠起来，使上一层弹体堆码在下一层弹体的间隙处，互相紧密接触。当所堆码弹药的弹体圆柱部较短且弹体重心不居中时，为了提高弹堆的稳固性和使坑内的弹体装药分布均匀，宜按层颠倒码放。在堆码过程中，用土填平弹体间空隙和垫稳每层弹体，并且由下而上逐层减少一发弹体以收缩堆顶，使弹堆呈梯形，堆顶层以两发弹体为宜。对品种单一、弹壳较薄、装药集中在弹体中部的弹体，如单兵反坦克火箭弹等，宜采用梯形堆码装坑法。

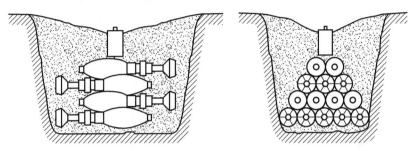

图2-16　梯形装坑法示意图

2.5.4　引爆炸药的设置

爆破坑内的弹药堆码好以后，即可放置引爆炸药。因为引爆炸药的数量、炸药包的捆扎形状及安放的位置和掩埋的情况对能否使全坑弹药一次性彻底炸毁影响很大，所以对引爆炸药的设置要求较高，操作中应做到合理地确定引爆药用量，正确地进行炸药包的捆扎。

1. 引爆炸药的用量

从弹药炸毁的彻底性来看，引爆炸药用量越多，可靠性越大。但引爆炸药用量过多，不利于节约。为保证可靠地炸毁药又不致于浪费，应参考表2-5中的引爆炸药量进行设置。当引爆炸药不是TNT时，应根据所用炸药的威力与TNT炸药的当量比进行相应的药量增减。

表2-5　引爆炸药参考用量表

弹径/mm	单发用量/kg	成堆用量/kg
50~100	0.2~0.6	0.8~2.0
105~155	0.6~0.8	1.6~2.5

若弹丸装药变质严重或炸毁穿甲弹等弹壳比较厚的弹丸时，引爆炸药的实

际用量需要在相应的参考用量基础上酌情增加。另外,如果第一次引爆后炸毁不彻底,在进行第二次炸毁时,引爆炸药量应比第一次增加一倍。

2. 引爆炸药的放置

引爆炸药应放置在弹药堆顶部的中央,紧贴和封压住堆顶,以保证引爆炸药包爆炸后能够确实引爆中心弹和顶层的弹药,继而殉爆整坑弹药。引爆炸药的放置是保证一次性彻底炸毁的重要操作步骤。如果在顶层弹药中,有的弹体未被引爆炸药包引爆,那么势必被抛出坑外而不可能再被下层弹药所殉爆。同时,由于顶层弹体引爆不良,必然对下层乃至全坑弹药的爆炸彻底性带来不良的影响。因此,在放置引爆炸药包时,应把中心弹口部与顶层弹易起爆端之间的所有缝隙,用小碎炸药块塞满填平(注意,此处不宜用土填塞),以使引爆炸药包放置平稳并与弹药接触密切,保证引爆炸药爆炸后,能够可靠地引爆与之直接接触的弹,减少引爆不完全和炸毁不彻底的可能性。

3. 填土掩埋

引爆炸药包放置稳妥后,将弹药堆和引爆炸药包周围填土掩埋,直至与引爆炸药包顶部齐平。注意,在炸药包的顶部留出安插雷管的位置。在进行填土掩埋时,要注意勿使弹药和引爆炸药包移位,更不得使之受到冲击,特别是当坑内有危险性较大的弹药时,更要小心谨慎,以确保操作安全。

在弹药堆顶和引爆炸药包周围填土掩埋的作用有 3 个:一是可以固定已放置好的引爆炸药包;二是弹药堆顶有一较厚的土层,可以阻挡和减少破片飞散;三是在炸药、弹药爆炸瞬间起"闭塞"作用,减少爆炸能量的逸散,加强殉爆作用,进而提高炸毁的彻底性。

2.5.5 弹药炸毁的实施程序

在进行弹药炸毁作业时,通常可分为方案制订、作业准备和作业实施 3 个阶段。

1. 方案制订

在任务分析、弹药清查和现场考察的基础上,明确任务目标与基本原则、人员组织(如组织指挥组、技术作业组、运输组、通信警戒组、救护组等)与分工,以及实施步骤、方法和要求;明确防护措施和注意事项,提出进度计划安排、实施要求;编制相关作业技术规程从和突发情况处置预案等;按规定程序审定、报批。

2. 作业准备

作业准备包括协调动员、人员培训和安全教育、弹药准备、场地准备、车辆器材准备、确定通信联络方式、联动协防和检查验收等工作。

3. 作业实施

以装坑爆破法为例,主要包括作业动员、清场展开、实施警戒、前期作业、起爆(点火)准备、起爆(点火)、清理现场、解除警戒、物资撤收、小结讲评等。具体步骤如下:

(1)作业动员。弹药、人员、作业物资器材等抵达炸毁场预定位置,停车熄火;在弹药车附近集结人员,各组组长向现场指挥员报告所管人员和弹药、物资器材运输到位情况;现场指挥员点名后做简要动员,主要是进一步明确任务和作业要求。

(2)清场展开。动员完毕后,现场指挥员下达"清场、展开"命令,各类人员带开、就位。警戒人员按照预定的位置进入各自的警戒岗位,将无关的人员和牲畜清理出禁区;运输组人员将弹药、工具和器材搬运到指定位置;救护人员做好救护前的各项准备工作;作业人员携带必需的工具和器材进入炸毁作业区,炸毁作业区除直接参加的作业人员和指挥组人员之外,其他各类人员非经允许不得进入。各组人员、物资展开就位后,应及时向现场指挥员报告。

(3)实施警戒。确认各组展开就位、警戒区清场完毕后,现场指挥员发布"实施警戒"命令或信号(如3发信号弹),警戒人员开始实施警戒,主要是严防无关人员和牲畜进入警戒区内。

(4)前期作业。作业人员根据警戒信号,按照技术规程要求,依次或同步进行爆破坑设置(包括挖坑、弹药装坑、引爆炸药设置、填土掩埋等)、制作点火具、布设点火线路等。

(5)起爆(点火)准备。上述作业完毕后,清理现场作业器材(如锹、剩余起爆炸药等)和无关物品(如弹药包装箱等),除起爆(点火)人员之外,危险区其余人员撤至预定安全地域。然后,向现场指挥员报告"起爆(点火)准备完毕"。

(6)起爆(点火)。现场指挥员接到"起爆(点火)准备完毕"的报告后,向全场人员下达"准备起爆(点火)"的命令,发布加强警戒的信号(如3发信号弹)。警戒人员迅即进入隐蔽状态,各警戒哨依次、及时报告警戒是否正常。采用火力引爆法时,点火人员插入点火具,确认连接可靠后,向现场指挥员报告"点火准备正常";采用电力引爆法时,起爆人员插入雷管,确认线路连接可靠后,撤至人员掩体,进行点火线路电阻检测,检测合格后,起爆人员向现场指挥员报告"起爆准备正常"。接到"警戒正常"和"起爆(点火)准备正常"的报告后,现场指挥员向全体人员发布"起爆(点火)"命令,起爆(点火)人员按要领实施起爆或点火(点火人员按预定路线、中速、慢跑,撤进掩体)。然后,注意观察引爆情况(主要是倾听爆炸声)。

(7)现场清理。炸毁作业爆音停止5min、确认无"哑炮"后,现场指挥员发布"清理现场"的命令。有关人员应对作业现场进行认真检查,搜寻被抛出的未爆、半爆的销毁物,并将其集中重新进行销毁。若有带引信的未爆、半爆弹药或元件,不应随意搬动,应就地炸毁。遇有"哑炮",应再过 30min 后,才准许有经验的作业人员进入现场探查情况并报告现场指挥员,由现场指挥员按上述作业实施程序重新组织炸毁。

(8) 解除警戒。所有技术作业完成后,现场指挥员发布"解除警戒"信号(如 3 发绿色信号弹),哨位人员撤回,警戒解除。

(9) 物资撤收。按预订方案,组织进行各类物资、器材等的清点、装箱和装车,清理现场,恢复原貌。

(10) 小结讲评。物资撤收完毕后,人员集结,现场指挥员组织点名和讲评,小节当天任务完成情况和特点,表扬先进,提出问题和今后注意的问题。然后,各组组织人员登车带回或物资入库。

第3章　爆炸防护基础

本章立足控制弹药发生意外爆炸后的危害,在简要介绍弹药爆炸危害的基础上,着重阐释爆炸危害防护的一般措施,包括人员管理、设防安全距离、抗爆小室与抗爆屏院、防护屏障的基本原理和技术要求,旨在为危险品弹药处理的安全防护奠定理论基础。

3.1　爆炸的危害

在危险品弹药处理中,弹药爆炸产生的危害主要体现在爆轰产物、破片、冲击波及热辐射危害等四个方面。

3.1.1　爆轰产物的危害

爆轰产物的危害范围一般不超过炸药半径的 10 倍(球形装药)到 30 倍(柱形装药)之间,其主要危害如下:

(1) 强烈挤压直接接触的物体。在爆轰波的共同作用下,可能对直接接触的物体产生层裂效应(即虽未炸穿该物体却在其背面产生破片)、甚至炸裂或炸穿该物体,进而产生破片;

(2) 引起近距离内易燃易爆物品的燃烧或爆炸;

(3) 以高温、高压作用致近距离人员伤亡。

在危险品弹药处理作业(烧毁与炸毁法除外)、特别是分解拆卸作业过程中,由于采用流水线作业方式,容易发生意外爆炸的作业工位之间、以及作业工位与待作业弹药(或弹药元件)、拆卸后弹药元件之间均有足够的空间距离(几乎肯定地要大于上述作用范围),一般只考虑爆轰产物对夹具、烧毁炉体等直接接触物体的危害。对必须近身作业的人员而言,爆轰产物的危害基本上无法防护,所以要求对意外爆炸发生概率较大的危险弹药的拆卸作业,必须进行隔离操作。对装炸药的弹丸烧毁作业,由于弹丸紧贴排放,一旦其中一发由燃烧转爆轰,极易由于爆轰产物和爆轰波共同作用而殉爆,故其销毁场的外部距离须按炸毁要求设置。对弹丸倒空作业也有类似问题,须严格控制倒药介质的温度和加热时间。

3.1.2 破片的危害

(1) 初始破片危害。所谓初始破片,是指带壳炸药爆炸产生的壳体破片。初始破片的危害主要表现在下述三个方面:

① 对周围人员、装备、建筑要产生撞击(压力达上万兆帕以上)和击穿作用,从而引起人员伤亡,以及装备和建筑物(包括电气线路)的结构破坏,这些作用统称为杀伤作用。

② 由于破片高速撞击、击穿过程中的摩擦要产生高温,有可能引起易燃物质的燃烧,产生纵火作用。

③ 高速破片撞击火炸药(无论带壳与否),有可能引起燃烧,甚至爆轰,导致殉爆。殉爆是炸药或弹药爆炸引起非接触的其他炸药或弹药爆炸的现象。

防护初始破片危害的最有效方法是加设防护钢板。由于破片速度随作用距离呈指数关系衰减,在可能条件下采用增大空间距离的方法也是有效的。

破甲弹的金属射流的危害与初始破片危害相同,但在有利炸高以内危害要大得多,而随着距离的加大,则由于射流的断裂而使危害明显下降。

(2) 次生破片危害。次生破片又称为再生破片、二次破片,是指由于初始破片的撞击、爆轰产物或爆炸冲击波的高压与冲击作用,使爆点附近一定范围内自由摆放的物体(如扳手、石块等)、设备或建筑物上碎裂的构件等加速,以及因建筑物坍(倒)塌而形成的物体和物体碎片。次生破片具有与初始破片类似的危害,但由于其速度相对较小,虽因质量较大而对人员、装备和建筑物具有较大的杀伤、破坏作用,但一般难以直接导致殉爆和纵火作用。

在有关设施和建筑物建设标准中,对工房屋顶结构、材质提出了一定的要求,又要求防爆土堤、炸毁坑填埋不得有碎石块等,相当程度上出于次生破片危害防护考虑。

3.1.3 冲击波的危害

在危险品弹药处理作业过程中,弹药爆炸产生的冲击波主要通过空气介质传播。空气冲击波在一定距离以内,由于高温、高压作用和推动空气(或其他介质)高速运动,可能产生下列 3 种危害。

(1) 导致人员伤亡。

(2) 摧毁装备和建筑物等设施。

(3) 殉爆其他弹药。

此外,空气冲击波还可能使较远距离上的车辆、人员翻倒或被抛掷,从而撞击其他物体造成毁坏或伤亡,形成冲击波的二次破坏(对物体)或三次危害(对人员)。

3.1.4　热效应的危害

所谓热效应危害,与油罐车爆炸类似,大量火药燃烧时会产生高温火球,并能持续相当的时间。这种火球的危害来源于热传导、热对流和热辐射作用,以热辐射作用为主。热效应的主要危害如下。

(1) 引起易燃物品燃烧。

(2) 导致人眼视网膜、晶状体等损伤,严重者可能致盲。

(3) 烧灼皮肤,导致人员烧伤,甚至致死。

控制意外爆炸的危害,首要的就是减小人员伤亡。因此,爆炸防护的关键在于加强人员管理。

3.2　人　员　管　理

3.2.1　定员限量规定

要减小弹药意外爆炸情况下的人员伤亡,无非做到两条:①要努力减小弹药爆炸的威力;②是设法减少可能出现在爆炸作用范围内的人员数量。概括起来就是限量和定员。

(1) 限量。限制进入作业场所的弹药等爆炸品数量(以其等效 TNT 当量表示),可以减小其意外爆炸后的作用,从而有利于对其危害的防护。

(2) 定员。人的生命是第一可宝贵的。弹药发生意外爆炸后是否导致事故以及事故的等级大小,与人员伤亡情况直接相关,因此防止人员伤亡是弹药爆炸作用防护的首要任务。而在保证正常作业完成(包括不致作业人员疲劳)的前提下,尽量减少作业场所的工作人员数量,禁止无关人员进入作业场所,选择远离人口密集区的地点、道路和时机处理或运输弹药等爆炸品等,从本质上说都是一种定员措施,可以更有效地控制弹药发生意外爆炸后可能造成的人员伤亡。

3.2.2　持证上岗制度

危险品弹药处理作业人员,应经过岗前培训,经考核合格后方可上岗作业。以往事故给我们的一个重要启示就是,没有过硬的业务技术素质,防范和杜绝事故是不可能的。许多事故的发生与相关人员业务素质低下,不懂业务技术,无知蛮干密切相关。因此,需要十分重视经常性安全教育和安全技能培训工作,并将其纳入重要的议事日程。

经常性安全教育和安全技能培训主要内容是:①安全意识与安全态度教育;②安全管理方针、政策、法规教育;③安全技术知识、技术标准教育;④安全技能训练,如安全设施设备的使用、检测、维护和工房、库房危险等级、安全距离的确定等。安全教育和安全技能培训的直接目的,主要包括两个方面:①建立安全观念,强化安全意识,使安全行为内在化;②掌握有关的知识和技能。做好宣传教育,使上岗人员认识安全工作与安全行为的目的意义、地位作用,强化安全责任感和安全意识,提高安全行为自觉性即提高安全行为内在化水平;掌握安全管理所规定的目标、原则和内容、要求、方式、方法,达到应知应会标准,使安全操作熟练化。

3.2.3 安全员制度

由于危险品弹药处理活动的高风险特征,要求我们必须十分重视安全管理工作,强化安全管理工作的地位与作用。安全管理工作的重要地位,必须要通过相应的组织机构凸显出来,没有相应的组织机构,想要强化安全管理工作的地位,是难以想象的。在危险品弹药处理工作中,应建立必要的安全管理组织,其要求是成立安全领导小组,设置安全员。安全员负责安全检查、监督和一些专业技术事项的处理。安全员可以是专职的,也可以是兼职的。

3.3 设防安全距离

3.3.1 设防安全距离的含义

按《弹药作业区安全技术准则》(以下简称《准则》)的定义:设防安全距离是指根据被保护目标所允许的破坏等级或程度而规定的爆源至被保护目标的最小距离。设防安全距离分为内部安全距离和外部安全距离两类。内部安全距离是指根据被保护目标所允许的破坏等级或程度而规定的弹药作业区内危险建筑物之间、危险建筑物与非危险建筑物之间所允许的最小距离;外部安全距离是指根据被保护目标所允许的破坏等级或程度而规定的弹药作业区内危险建筑物与该区以外的村庄、城镇和重要设施、建筑物之间所允许的最小距离。因此,《准则》所定义的内部安全距离和外部安全距离,究其本质均属于设防安全距离的范畴,而且是以建筑物为标志的。

根据上述定义,设防安全距离显然与被保护目标(以下简称目标)所允许的破坏等级或程度有关。例如,《准则》规定的在内部建筑物允许受到五级破坏,外部建筑物允许受到二级破坏。这是符合安全系统工程理论关于安全的定义的,安全并不要求所有目标都不会受到任何损伤,只是要求这种损伤能够控制在可接受的范围内。事实上,要求所有目标都不会受到任何损伤既无必要,又难以实现或实现成本不能接受。因此,满足设防安全距离要求可以在一定程度上将已经发生的意外爆炸的危害控制在不至于发展为事故的范围内,那种认为目标与可能发生爆炸的建筑物(以下简称爆源建筑物)之间的距离只要大于设防安全距离就太平无事的观点是错误的。

3.3.2 影响设防安全距离的主要因素

爆炸对建筑物的破坏主要来自爆炸产生的爆轰产物、冲击波、破片、热效应和地震波等。试验表明:地震波的破坏作用远远小于空气冲击波的作用;当建筑物距离爆炸点较远时,爆轰产物的作用对目标的影响不大;在较远距离上,热效应对建筑物的危害比较小。因此,确定设防安全距离主要考虑的是冲击波、破片对人员、建筑物的直接危害和对其他爆炸品的殉爆作用。因此,影响设防安全距离的主要因素有:

(1)目标允许的破坏程度。《准则》默认作业区内部建筑物允许破坏等级为五级,外部建筑物允许破坏等级为二级,这就是内、外部安全距离不同的主要原因。

(2)爆源建筑物内发生爆炸的可能性大小和后果严重程度及其危险等级,主要取决于存于其内部的爆炸品的敏感程度和数量多少。

(3)作为保护目标的建筑物(以下简称目标建筑物)的危险等级,主要考虑其受爆炸作用后的后果严重程度和承受这种后果的能力,主要取决于该建筑物的性质(如是否住有人员、修复难易程度等)、重要性(如人员居住多少、对国家和社会正常运行的影响程度),以及存于其内部的爆炸品的敏感程度和数量多少(决定发生殉爆的可能性大小和作用大小)。

(4)爆源建筑物和目标建筑物的结构特点,如抗爆能力、泄爆能力等。《准则》对具有抗爆能力的抗爆小室、带装甲防护的装置,通过不计入存于其内部的爆炸品数量来体现对设防安全距离的影响。

(5)爆源建筑物与目标建筑物之间的防护情况,如是否设有防护屏障,以及是单方、还是双方都设有防护屏障。

需要说明的是,作业区内的建筑物究竟属于爆源建筑物,还是属于目标建筑物,是相对的,往往既是爆源建筑物,又是目标建筑物。

3.3.3 建筑物安全设防标准

建筑物安全设防标准是指一旦危险场所发生了爆炸事故,处于一定距离上的被保护建筑物允许遭到的破坏等级或破坏程度。这是确定弹药作业区内、外部设防安全距离的基本依据。

一定量的炸药或弹药,其爆炸空气冲击波对不同距离的建筑物会造成不同程度的破坏,距离越近,破坏程度越严重,而对建筑物不造成任何破坏的安全距离是较远的。若以爆炸冲击波不致对周围建筑物造成任何破坏,并以此作为控制标准设立弹药作业区,无疑是安全的,但要占用大量土地,耗费国家的巨大财力,并使弹药作业区的组织和管理变得非常困难。因此,无论是在国外还是在国内都是行不通的。鉴于以上情况、依据危险区内、外部建筑物的群集情况、重要程度和破坏后重建的难易程度等,规定不同的允许破坏等级,制定一个切实可行的建筑物安全设防标准是十分必要的。

制定建筑物安全设防标准是一项政策性、技术性都很强的工作。若标准过高,安全距离大,爆炸对周围建筑物破坏程度轻,有利于安全,但选址困难,工房分散,作业区占地面积大,费用高;若标准过低,安全距离小,选址容易,占地面积小,费用也低,但爆炸对周围建筑物的破坏程度重,人员伤亡和财产损失均随之增大。制定建筑物安全设防标准,必须考虑以下主要因素:

(1) 使人员生命和国家财产免遭严重损失。

(2) 少占用或不占用农田,少迁移或不迁移居民。

(3) 有利于组织、管理生产,方便于群众生活。

(4) 事故发生后,遭到破坏的建筑物易于重建,恢复生产。

从我国人多地少的基本国情出发,经过以上因素的综合分析、权衡,并参照了国外的一些做法,弹药作业区的内、外部设防安全距离是按以下安全设防标准规定的:在弹药作业区内部,生产性的建筑物按允许承受不超过五级破坏考虑;在弹药作业区外部,村庄及行政生活区按允许承受不超过二级破坏考虑。对其他的被保护建筑物、设施等,则按其重要性和弹药可能产生的爆炸后果,同上述标准相比,分别采用不同的控制标准。

从国内事故统计资料和有关爆炸试验结果来看,按以上安全设防标准设置安全距离的被保护目标,在爆炸冲击波的作用下,危险建筑物的破坏未超过五级,建筑物内的火药、炸药、弹药均未引燃或殉爆;村庄和生活区建筑物的破坏未超过二级。实践证明,上述安全设防标准是可行的,同美国、俄罗斯、英国等国家的有关规定基本是一致的。

影响冲击波的设防安全距离的因素一个是装药量,另一个是安全系数。当装药并非 TNT 且其能量大于 TNT 梯时,爆炸时的破坏力越大,破坏程度也就越大。同时,设防安全距离取决于危险建筑物内所储存的爆炸物药量的多少。

确定设防安全距离,首先将作业区危险建筑物内存放的危险品进行危险等级划分;然后计算出存放火炸药的药量;最后根据建筑物的危险等级和存药量大小确定相邻建筑物之间的设防安全距离。此外,还应考虑被保护目标的破坏程度与其自身结构的相关因素,考虑被保护目标与危险建筑物之间有无防护屏障或自然的山体阻隔等有关条件,并据此进行修正,最后才能计算出真正的设防安全距离。

3.3.4 危险建筑物分级

弹药作业区的危险工房和弹药周转库房,按发生燃烧、爆炸事故的可能性大小和后果严重程度不同,分为 A_1、A_2、A_3、B、C、D 6 个等级。分级的目的是便于按级采取防护措施(如建筑物的结构形式和设置防护屏障等)和设置内、外部设防安全距离。

A_1、A_2、A_3 级建筑物统称为 A 级建筑物,属于爆炸危险类。该类建筑物的共同点是其内作业的对象或储存的物品具有明显的爆炸危险性,而在工艺和设施方面又无法将爆炸事故的破坏作用限制在局部范围内。这类建筑物中一旦发生爆炸事故,不仅本建筑物要遭到严重破坏或全部被摧毁,而且对周围环境会造成较大的破坏。A_1、A_2、A_3 级建筑物是按建筑物内危险品的爆炸破坏力大小的不同而划分的。

A_1 级建筑物内危险品的爆炸破坏力大于 TNT。弹体内装填黑索今或破坏力与其相当的其他单体炸药或含有这类炸药的混合炸药(如梯黑、黑 94 等)的炮弹弹丸及火箭弹、战术导弹战斗部的倒药、拆药和炸药加工工房,以及存放上述炸药的周转库房等,属于此级建筑物。

A_2 级建筑物内危险品的爆炸破坏力与 TNT 基本相当。弹体内装填 TNT 或破坏力与其相当的其他单体炸药或含有这类炸药的混合炸药(如梯萘、铵梯等)的手榴弹、炮弹弹丸及火箭弹、战术导弹战斗部的倒药、拆药和炸药加工工房,以及存放上述炸药和弹体内装填炸药的口径大于 37mm 的各种炮弹、火箭弹、战术导弹及其弹丸(或战斗部)和导爆索、传爆管的周转库房等,属于此级建筑物。

A_3 级建筑物内危险品的爆炸破坏力明显小于 TNT,但其火焰、摩擦感度较高,容易出事故。存放黑火药、烟火药及其制品的周转库房等属于此级建筑物。

B 级建筑物内加工或储存的物品仍具有爆炸性,但由于炸药是处于金属壳体内的,发生爆炸事故的可能性和爆炸破坏力比 A 级建筑物小。因此,称 B 级建筑物为次爆炸危险类建筑物。弹药检测、修理、装配和报废弹药拆卸、含磷弹丸处理的工房;存放特种枪弹、特种炮弹、口径不大于 37mm 的榴弹,以及手榴弹、信号弹、引信、底火和点火具的周转库房等,均属于此级建筑物。

C 级建筑物是火灾危险类,其特点是作业的对象和储存的物品,在一般情况下,事故发生时只产生燃烧而不发生爆炸。发射药检选、混同、称量、装包(袋)、捆扎和药筒装药振动的工房;存放发射药,装发射药的药管、药包和药筒,推进剂和火箭发动机,可燃药筒和半可燃药筒,普通枪弹,弹体内不装填炸药的穿甲弹和宣传弹的周转库房等,均属于此级建筑物。

这里需做说明的是,《民用爆破器材工厂设计安全规范》中仅有 A、B、D 3 个等级,这是由于民爆行业中没有极易燃烧且存药量很大的火药(发射药)类产品的生产,而在《火药、炸药、弹药、引信及火工品工厂设计安全规范》中,将单基发射药分为 C_1、C_2 两个等级,将发射药的钝化处理、小品号粒状药(2/1、3/1)的干燥和储罐内储存、所有品号粒状药的桌式干燥和混同,列为 C_1 级。其主要考虑的是小品号单基发射药比较敏感,容易发生事故,并且能爆炸或由燃烧转为爆炸,其破坏力也比较大。从小品号单基粒状药的爆炸试验结果来看,有以下几种情况:

(1) 在同样的试验条件下,其冲击、摩擦感度均为 100%,而 TNT 的冲击为 4%、摩擦感度为 4%~8%。

(2) 主、被发装药均为 2.5kg,分别装入钢盒中,用 8 号电发火管引爆主发装药,处于 50~100mm 距离上的被发装药,均引起殉爆。

(3) 2.5kg 未钝化的 2/1 发射药装在 1.5mm 厚钢板制成的盒内,用 7.62mm 步枪在药盒正面 50m 处射击,发生爆炸。

此外,从多年的生产实践和事故情况可以看出,有以下几种结论:

(1) 单基发射药发生爆炸的可能性比双基发射药大,小品号单基发射药发生爆炸的可能性比中、大品号发射药大。

(2) 发射药在密闭容器内易引起爆炸或由燃烧转为爆炸。

(3) 发射药处于加热状态时容易引起燃烧,并易由燃烧转为爆炸,如发射药烘干。

(4) 发射药经常处于动态比经常处于静态容易引起燃烧、爆炸,如单基发射药的重力混同和机械化混同。

很显然,由于以上原因,《火药、炸药、弹药、引信及火工品工厂设计安全规范》将一部分单基发射药的生产工序划为 C_1 级,是十分必要的。但对弹药修理和报废弹药处理而言,不存在将发射药钝化、加热烘干、储罐内储存的问题;另据调查,四十多年来,在进行发射药混同时从未发生过爆炸事故。因此,将存有发射药的工房和库房全都划为C级,相当于《火药、炸药、弹药、引信及火工品工厂设计安全规范》中的C_2级。

D级建筑物的特点是,建筑物内的危险品很少,危险品虽然有发生燃烧、爆炸的可能性,但其破坏作用被控制在室内或更小的范围内,对周围环境的安全一般不构成威胁。火药、炸药、引信、火工品的理化试验室和在防护装置内进行引信、底火、火工品的解体作业工房等,均属于此一级建筑物。

3.3.5 危险建筑物内火药、炸药药量计算

正确计算危险建筑物内火药、炸药的药量,是确定弹药作业区内、外部安全距离的前提条件,因此应严格按以下要求进行。

(1)将建筑物内所有的存储药量全部考虑在内,以一次可能同时燃烧、爆炸的最大药量计算。

根据国内弹药生产事故统计资料,有的弹药生产车间,一处弹药发生爆炸引起整个车间内全部弹药发生了爆炸,也有的弹药生产车间,经过爆炸之后,车间内尚存有很多未爆的弹药。从现在的实际情况来看,弹药修理和废弹拆卸工房内的弹药,一般存放的都比较分散,一发或一堆弹药发生了燃烧或爆炸,不一定会引起工房内所有弹药的殉燃或殉爆。因此,危险建筑物内的药量应按以可能同时燃烧、爆炸的最大药量计算,而不应计算那些不可能同时燃烧、爆炸的药量。从安全角度出发,这一规定显然是合理的。但规定的不够具体(很难规定具体),执行起来比较困难。这主要是因为涉及弹药的殉爆距离问题。近年来,有关的科研院所虽都做过一些弹药殉爆研究,并取得了一部分成果,但由于试验是在一定条件下进行的,截至目前,还未达到能推导出计算各种弹药在各种条件下的殉爆距离的程度。鉴于以上原因,建议在计算弹药修理和废弹拆卸工房的存放药量,做偏于安全考虑,除了处于抗爆小室内的弹药,将工房内所有的弹药全部计入存药量内。

(2)建筑物内同时存有火药(含可燃药筒和半可燃药筒)、炸药(含黑火药、烟火药)时,应分别计算火药和炸药的药量之和。

这一规定是按发生事故时,炸药发生爆炸,火药只燃烧而不发生爆炸考虑的。有关试验表明,用炸药引爆裸露的粒状和条状发射药,发射药不发生爆炸。这里应特别注意,对这类建筑物内的药量计算,应分别计算出火药与炸药各自的药量,而不是将火药与炸药的药量相加;否则,无法计算出正确的安全距离。

(3)火药、炸药、可燃药筒和半可燃药筒的药量按其净药量100%计算。

炸药装入金属壳体的弹药,装填系数大于0.2的按其装药量100%计算,装填系数不大于0.2的按其装药量50%计算。

弹丸装填系数按式(3-1)计算。

$$a = m/G \tag{3-1}$$

式中:a 为弹丸装填系数;m 为弹体内炸药质量(kg);G 为弹丸质量(kg)。

现装备的通用弹药,除了薄金属外壳的火箭筒弹、迫击炮配用的炮榴弹等,其他弹药的装填系数基本上都不大于0.2。因此,在计算炸药装入金属壳体内弹药的药量时,应先按式(3-1)计算装填系数,然后按规定计算出炸药的药量。

关于可燃药筒和半可燃药筒,因为这两种药筒主要是由硝化棉组成的,因此应将其计入发射药药量之内。由于半可燃药筒有一金属底座,在计算药量时,可将底座的重量除去。

(4)抗爆小室和防护装置内的火药、炸药不计入工房的药量之内,但抗爆小室必须符合设计要求;设计抗爆小室和防护装置所采用的药量,应按其中可能出现的最大药量计算,当其中同时存有火药和炸药时,应分别计算,取其中破坏力大者。

(5)周转库房内弹药药量,按其净药量100%计算,当同时存有火药、炸药时,则应按要求分别计算。

3.3.6 弹药作业区内、外部设防安全距离的确定

1. 内部安全距离的确定

1)计算方法

根据建筑物安全设防标准的规定,A级建筑物的防冲击波安全距离 R_A 值应按式(3-2)计算。

$$R_A = 2.5 m_A^{1/2.4} \tag{3-2}$$

式中:R_A 为 A 级建筑物的设防安全距离(m);m_A 为 A 级建筑物内炸药的存量(kg)。

C 级建筑物的防冲击波安全距离 R_C 值应按式(3-3)计算。

$$R_C = 2.5 m_C^{1/3} \tag{3-3}$$

式中:R_C 为两个建筑物互以有泄压面墙面相对的距离(m);m_C 为 C 级建筑物内发射药的存量(kg)。

式(3-2)与式(3-3)是分别以 A_2 级危险建筑物双方仅有一个防护土堤或 C 级危险建筑物双方互以有泄压面墙面相对为前提条件的。对于不同级别的 A_1、A_3 级危险建筑物,以及防护条件不同的建筑物,应在此基础上乘以系数加以调整。A 级建筑物等级和防护土堤间的设防安全距离系数(表 3-1),C 级建筑物的屋盖类型和相邻建筑物相对条件间的设防安全距离系数(表 3-2),是根据有

50

关燃爆试验结果和燃爆事故报告确定的。

表 3-1　A 级建筑物等级和防护土堤间的设防安全距离系数

建筑物等级	防护屏障情况		
	两个建筑物均无防护土堤	两个建筑物仅一方有防护土堤	两个建筑物均有防护土堤
A_1	2.40	1.20	0.72
A_2	2.00	1.00	0.60
A_3	1.60	0.80	0.48

表 3-2　C 级建筑物的屋盖和相邻建筑物相对条件间的设防安全距离系数

C 级建筑物的屋盖的类型	C 级建筑物与相邻建筑物的关系	系　数
轻质泄压屋盖	互以有泄压面墙面相对	1.0
	有泄压面墙面对无泄压面墙面	0.8
	无泄压面墙面对有泄压面墙面	0.7
	互以无泄压面墙面相对	0.6
一般屋盖	互以有泄压面墙面相对	1.4
	有泄压面墙面对无泄压面墙面	1.0
	无泄压面墙面对有泄压面墙面	0.6
	互以无泄压面墙面相对	0.5

注:1. 开有门窗的墙面为有泄压面墙面;

　　2. 相邻建筑物之间设有防护屏障为互以无泄压面墙面相对。

确定弹药作业区内甲、乙两个危险建筑物之间安全距离的总体程序如下。

（1）确认甲、乙两建筑物的危险等级和存药量。

（2）确认甲、乙两建筑物有无防护屏障及其结构情况。

（3）计算确定甲建筑物（爆源）至乙建筑物（目标）的最小距离 $R_{甲-乙}$。

（4）计算确定乙建筑物（爆源）至甲建筑物（目标）的最小距离 $R_{乙-甲}$。

（5）甲、乙两个建筑物之间的设防安全距离 $R = \max(R_{甲-乙}, R_{乙-甲})$。

（6）若计算确定的 R 不足 35m,则取 $R=35m$（指 A、B、C 级建筑物）。

由上述设防安全距离的确定过程可知,在已知建筑物等级、内存药量以及建筑物防护情况下,就可以确定出任意两个建筑物之间的设防安全距离,用函数的形式可表示如下:

$$R = f(X_1, X_2, X_3) \tag{3-4}$$

式中:X_1 为建筑物危险等级;X_2 为存药量;X_3 为建筑物防护情况;f 为求算程序。

在式(3-4)中,理论上,在 f 确定的情况下,当 X_1、X_2、X_3、R 中知道其中任意 3 个量,即可求出另一个量。

弹药作业区内 A 级建筑物至其他建筑物的距离不应小于式(3-2)的计算及表 3-1 修正的结果,但不宜小于 35m。

规定以 35m 作为内部安全距离的下限值,主要有以下 3 点考虑:

①减轻爆炸破碎物对被保护建筑物的破坏。有关爆炸事故表明,事故发生后,爆源建筑物遭到严重破坏甚至被摧毁,在其几十米范围内有很多的破碎物。

②使被保护建筑物避开爆炸冲击波高压区。在爆源建筑物周围有防护屏障的情况下,当对比距离较小时(约 3.95),由于防护屏障对冲击波的反射作用,大约在 2 倍屏障高的地方冲击波超压增高,如果距离过小,目标建筑物的破坏等级将超过五级。

③A 级建筑物与被保护建筑物双方都设防护屏障的需要。两个防护土堤底宽约为 15m(按土堤高为 5m、底宽为 1.5 倍土堤高考虑),两个防护土堤内通道约为 6m(按土堤内有 3m 通道考虑),两个防护土堤之内还需有一定的间隔,以满足车辆通行的需要。因此,在按式(3-2)和表 3-1 计算出的最小距离小于 35m 时,实际采用的距离宜不小于 35m。

2) 内部安全距离计算实例

弹药作业区内不同危险等级、不同存药量的两个建筑物之间的最小安全距离,应分别按各自的危险等级和存药量计算,取其中数值大者。例如,分别存有 800kg TNT(A_2 级)和黑索今(A_1 级)的两个相邻建筑物,在单方有防护屏障的情况下,其最小安全距离按以下方法计算:根据式(3-2)和表 3-1,存有 TNT 的建筑物的最小安全距离 $R = 41m \times 1 = 41$(m);存有黑索今的建筑物的最小安全距离 $R = 41m \times 1.2 = 49.2$(m)(两个计算公式中,41m 为 R_A 值,1 与 1.2 分别为建筑物等级和防护土堤影响距离系数),此时应取 49.2 作为这两个建筑物之间的最小安全距离。又如,分别存有 2000kg TNT 和 1200kg 黑索今的两个相邻建筑物,在双方均有防护屏障的情况下,其最小安全距离分别为:存有 TNT 的建筑物为 60m×0.6 = 36(m),存有黑索今的建筑物为 48m×0.72 = 34.56(m),此时应取 36m 作为这两个建筑物之间的最小安全距离。

在实际应用中,大多数情况下,建筑物之间的距离和建筑物的有关防护情况都已确定,主要问题是如何根据存放弹药的种类确定存放药量。

对于现有 A 级建筑物内的存药量,不应超过该建筑物现有内部安全距离的最大允许存药量。其最大允许存药量等于:现有内部安全距离数除以表 3-1 中

R_A 的系数(按建筑物危险等级和设置防护屏障情况选定),再将所得数按式(3-2)反算,得出对应的存药量。

该条规定的实质是,在弹药作业区各危险建筑物之间的安全距离已定的情况下,如何控制建筑物内的存药量问题。

例如,现有内部安全距离为40m 的 A_2 级建筑物,按设置防护屏障的不同情况,其最大允许药量为:单方有防护屏障的为表3-1中的40m(40m/1),对应的存药量按式(3-2)计算,得出750kg;双方均有防护屏障的为表3-1中的67m(40m/0.6),对应的存药量按式(3-2)计算,为2600kg;双方均无防护屏障的为表3-1中的20m(40m/2),对应的存药量为140kg。

B级工房至其他建筑物的设防安全距离,一般可根据工房内炸药(或黑火药、烟火药)和发射药的药量,分别按A级和C级工房的设防安全距离计算,取其中数值大者,但最小值不宜小于35m,最大值可为70m。

例如,存有2000发85mm加农炮全装药榴弹的修理工房与被保护建筑物之间有一防护屏障相隔,求它们之间的最小安全距离应该是多少。其计算方法如下。

首先分别计算出炸药和发射药的药量。梯恩梯药量 $m_A = 0.725kg \times 2000 \times 50\%$(弹丸装填系数不大于0.2) $= 725kg$;发射药药量 $m_C = 2.625kg \times 2000 = 5250kg$。

然后分别按A级和C级规定的公式计算最小安全距离。725kg TNT 时的最小安全距离 $R = 39.5m(R_A$ 值) $\times 1$(系数) $= 39.5m$;一般情况下,系数按屋盖无泄压面相对计算,5250kg 发射药时的最小安全距离 $R = 43.5m(R_C$ 值) $\times 0.5 = 21.8m$。

最后比较以上两个安全距离数值,取数值大的39.5m 为两个建筑物之间的最小安全距离。

如果工房的存药量较大,按上述方法计算出的安全距离大于70m,而环境条件又不允许设置这样大的距离时,可以采用70m 作为两个建筑物之间的设防安全距离,但不应再小。

现有一存放 TNT 的周转库房,与其相邻的拆黑索今工房相距60m,周转库房有防护土围,求黑索今拆药工房存药量最高限。根据危险建筑物等级分类,拆药工房危险等级为 A_1 级,考虑到两个建筑物之间有一防护屏障,故 $R = 1.2R_A$,由 R_A 的计算公式 $R_A = 2.5m^{1/2.4}$ 及给定的 $R = 60m$,于是可求得 $m_黑 = \sqrt[2.4]{R/(1.2 \times 2.5)} \approx 1326$(kg)。同理,周转库房 TNT 存药量最高限为 $m_梯 = \sqrt[2.4]{R/(1.0 \times 2.5)} \approx 2054$(kg)。

若相邻建筑物有 3 个或多个时,如甲、乙、丙、丁……,可仿上述方法分别求出存药量的最高限 $m_{甲乙}$、$m_{甲丙}$、$m_{甲丁}$……,然后取其中最小者为甲建筑物内存药量的最高限,即 $m_{甲} = \min(m_{甲乙}, m_{甲丙}, m_{甲丁}……)$。

3) 各级危险建筑物至公用设施的距离

各级危险建筑物至公用设施的距离,其主要考虑分述如下:

(1) 关于锅炉房。锅炉房一旦遭五级破坏,由于修复期长,恢复生产困难,整个弹药作业区内工房的生产都将会受到影响。为了在事故后能缩短其重建时间,尽快恢复生产,各级危险建筑物至锅炉房的距离采用了大于内部距离的规定,即按确定的内部距离的方法计算后再增加 50%,但 A 级建筑物至锅炉房的距离不应小于 100m,B、C 级建筑物至锅炉房的距离不应小于 50m。

(2) 关于变(配)电所。变(配)电所一般无固定值班员,事故不会造成其他人员伤亡,受到破坏的建筑物较容易恢复,其服务的工房的生产不会受到很大影响。因此,各级危险建筑物至变(配)电所的距离,采用了接近内部距离的规定,即按确定内部距离的方法计算,但 A 级建筑物至变(配)电所的距离不应小于 50m,B、C 级建筑物至变(配)电所的距离不应小于 35m。

(3) 关于高位水池。高位水池一般为半地下或覆土式,并且多为圆形,这对抗冲击波载荷有利。有关试验表明,至高位水池的距离为 50m,在 1000kg 以下 TNT 爆炸时,水池无裂缝,但在较大药量爆炸时,水池裂缝不可避免,需经修复才可使用。弹药作业区的工房,存药量一般不会超过 1000kg,因此,规定高位水池至各级建筑物的距离不应小于 50m,是可以保证高位水池安全的。

(4) 关于铸、锻、铆、焊工房。这些工房属于明火生产,有大量火星飞散,炽热的颗粒在风力作用下,可飞至 30m 远的地方;同时考虑到,一旦管理上出现缺陷,有因此而引发事故的可能性。因此,各级危险建筑物到这些工房的距离,采用了稍大于内部安全距离的规定,即按确定内部安全距离的方法计算,但不应小于 50m。

2. 外部安全距离的确定

1) 各级建筑物外部安全距离的计算方法

A_2 级建筑物外部距离,较大存药量(>1000kg)至本单位行政、生活区的距离按式(3-5)计算。

$$R = 23 m_{梯}^{1/2.8} \qquad (3-5)$$

式中:R 为 A_2 级建筑物至本单位行政、生活区的距离(m);$m_{梯}$ 为 TNT 存量(kg)。

预计在此距离上的建筑物,受爆炸冲击波作用,遭到的破坏不会超过二级。

54

A_2 级建筑物至其他各被保护目标的距离,按被保护目标的特性和重要性,以及至本单位行政、生活区的距离为基数,乘以适当的比例系数而得。

至村庄等的距离采用 $0.9R$。

至零散住户等的距离采用 $0.6R$。

至国家铁路和三级公路的距离分别采用 $0.5R$ 和 $0.35R$。

至十万人以下的城镇的距离采用 $1.6R$。

至多于十万人的城市的距离采用 $3.2R$。

较大存药量的 A_1 级和 A_3 级建筑物至各被保护目标的距离,分别为 A_2 级建筑物至各被保护目标的距离的 1.2 倍和 $4/5$ 倍。该比例系数是根据有关炸药的 TNT 当量试验结构确定的。

关于 C 级建筑物的外部安全距离,原机电部第五设计院通过发射药燃烧试验和对兵工厂历年来发射药燃烧事故分析,得出以下两条结论:①存有发射药(除去《兵工规范》中划为 C_1 级的发射药)的建筑物,只要满足泄压面的要求,在一般情况下,其内的发射药只燃烧而不发生爆炸;②发射药燃烧时,对环境安全的威胁主要来自火焰、辐射热和着火药粒的飞散,其中作用距离最远的是着火药粒的飞散。因此,C 级(《兵工规范》中的 C_2 级)建筑物的外部距离,以着火药粒飞不到被保护目标作为控制标准。

对于较大存药量($10000kg$ 以上)的 C 级建筑物至村庄的距离按式(3-6)计算。

$$R = 6.6m^{1/3} \tag{3-6}$$

式中:R 为 C 级建筑物至村庄的距离(m);m 为建筑物内发射药存量(kg)。

至本单位行政、生活区的距离采用 $1.2R$。

至国家铁路、二级公路的距离采用 $0.825R$。

至 10 万人以下的城镇和多于 10 万人的城市的距离分别采用 $2R$ 和 $4R$。

因为较小存药量($<10000kg$)对应的距离是采用的《烟花、爆竹工厂设计规范》中的数据,但做了偏于安全的修正,并将其与较大存药量对应的距离数值相协调,所以没有一个固定的计算公式。

2)弹药作业区外部安全距离的计算方法

弹药作业区外部安全距离,应按本区内各危险建筑物的危险等级和存药量分别计算,取其中最大值。

执行这条规定时应注意 3 点:①正确划定各危险建筑物的危险等级;②准确计算各危险建筑物内的存药量(同时存有炸药和发射药的建筑物就分别计算出炸药和发射药的药量);③作业区内有几个不同危险等级、不同存药量的建筑物时,要分别查相应的外部安全距离表,找出各自的外部安全距离,以其中数值最大者作为弹药作业区的外部安全距离。

例如,一弹药技术处理区,由倒药制片工房和炮弹拆卸工房构成,已知倒药制片工房最大存药(TNT)量为1200kg,炮弹拆卸工房最大存弹量,以44式100mm加农炮全装药榴弹计为1000发。该区至村庄和本单位行政生活区最小安全距离的计算方法如下:

(1)首先确定两个工房的危险等级。按照危险建筑物的等级划分方法,倒药制片工房为A_2级建筑物,炮弹拆卸工房为B级建筑物。

(2)正确计算两个工房的存药量。倒药制片工房TNT最大存量为1200kg(已知),炮弹拆卸工房最大存药量为:TNT量$m_梯 = 1.46$kg(一发炮弹的TNT量)$\times 1000 \times 50\%$(弹丸装填系数不大于0.2)$= 730$kg;发射药量$m_发 = 5.6$kg(一发炮弹的发射药量)$\times 1000 = 5600$kg。

(3)根据两个工房的危险等级和存药量分别计算至村庄和本单位行政生活区的安全距离。按照式(3-5),划为A_2级、存药量为1200kg的倒药制片工房至村庄和本单位行政生活区的最小安全距离分别为310m和350m;按照式(3-5)和式(3-6),划为B级且同时存有730kg TNT和5600kg发射药的炮弹拆卸工房,计算得出的至村庄和本单位行政生活区的安全距离,以TNT计分别为260m和300m,以发射药计分别为130m和160m。两组数值相比较,应取260m、300m分别作为炮弹拆卸工房至村庄和本单位行政生活区的最小安全距离。

(4)最后对两个工房计算的安全距离值相比较,取其数值大的310m、350m分别作为弹药技术处理区至村庄和本单位行政生活区的最小安全距离。

弹药作业区与弹药仓库储存区之间的距离,应按各自对确定外部距离的要求分别计算,取其中的最大值。

执行这一规定时也应注意3点:①在确定两个区间的安全距离时,不仅要考虑弹药作业区至弹药仓库储存区所需的距离,而且应考虑弹药仓库储存区至弹药作业区所需的距离;②弹药作业区至弹药仓库储存区所需的安全距离按上述计算方法进行计算,弹药仓库储存区至弹药作业区所需的安全距离,可按1978年总后颁发的《后方基地军械仓库建设暂行技术规定》和1984年总后军械部印发的《军械仓库建设技术手册》中的有关规定计算;③比较上述的计算距离数值,取其中数值大者作为两个区间应保持的最小安全距离。

关于存有各种炮用榴弹、碎甲弹的A级、B级建筑物,其外部安全距离除考虑防冲击波的安全距离以外,还需考虑防弹药破片的安全距离问题,除不应小于A级、B级建筑物的防冲击波距离之外,还应符合表3-3中的规定。

执行这一规定时应注意两点:①在确定存有各种炮用榴弹和碎甲弹建筑物

的外部安全距离时,不仅要考虑爆炸冲击波的破坏作用,还应考虑爆炸破片带来的威胁;②当按 A 级和 C 级规定的外部安全距离公式计算的防冲击波距离小于表 3-3 中的规定时,应取表中所规定的距离作为该建筑物的外部安全距离;大于表 3-3 中的规定时,应取防冲击波距离作为该建筑物的外部安全距离。

表 3-3　防弹药破片的安全距离

序号	项　　　　目	最小安全距离/m
1	至村庄边缘,职工总数在 50 人以上的企业围墙,有摘挂作业的铁路中间站站界及建筑物边缘,220kV 架空输电线路	550
2	至零散住户边缘,职工总数人的企业围墙,无摘挂作业的铁路中间站站界及建筑物,110kV 架空输电线路	450
3	至城市市区和城、镇规划边缘,110kV 区域变电站围墙	1650

从部队的实际情况来看,弹药修理和报废弹药处理工房的存药量一般都比较少,因此,其外部安全距离实际上是由表 3-3 确定的。

3.3.7　地形对安全距离的影响

上述有关危险建筑物内、外部安全距离的计算,是以平坦地形作为前提条件的,因此只适用于平坦地形条件下的设防安全距离。如果爆炸是在山区、丘陵等周围地形变化较大的条件下进行,由于爆炸冲击波遇到障碍物时的反射作用,使冲击波的压力增强,并沿较小阻力的方向传播,因此地形条件对安全距离有较大影响。从有关试验和事故分析资料得知,当危险建筑物处在有利地形时,如处在小山凹中,与其他建筑物之间有小山包相隔,安全距离则可适当缩短;当遇到不利地形时,如危险建筑物与其他建筑物同处于一条山谷中,中间无山包相隔,安全距离则应适当增加。这种情况在山地爆炸试验中已得到证实。例如,爆炸在一个山谷内进行,由于冲击波受山体的反射作用,使冲击波强度明显增加,即产生"沟谷效应"。但在山体背后,由于山体的阻挡,冲击波强度则显著衰减。因此,山谷内的安全距离高于平地,山体后的安全距离则低于平地。

当空气冲击波遇到刚性壁面时,质点速度骤然变为零,在壁面处不断聚集,使压力和密度增加,形成反射冲击波。以下讨论平面定常冲击波在无限绝对刚壁上进行的正反射。由于入射波是定常的,反射波也是定常的。令未经扰动的介质参数为 P_0、ρ_0、$u_0 = 0$;入射冲击波阵面参数为 D_1、u_1、P_1、ρ_1;壁面上反射冲击波以 D_2 的速度向反方向运动,其他参数以 P_2、ρ_2、u_2 表示,如图 3-1 和图 3-2 所示。根据壁面条件 $u_2 = 0$,由冲击波的基本关系式可得到

$$u_1 - u_0 = \sqrt[2]{(P_1 - P_0)(1/\rho_0 - 1/\rho_1)}$$

$$u_2 - u_1 = -\sqrt[2]{(P_2 - P_1)(1/\rho_1 - 1/\rho_2)}$$

式中:D 为冲击波传播速度;P 为介质压力;ρ 为介质密度;u 为介质运动速度。

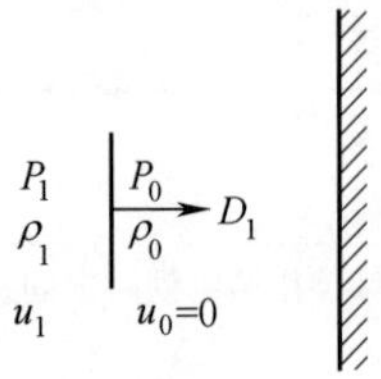

图 3-1　平面定常冲击波 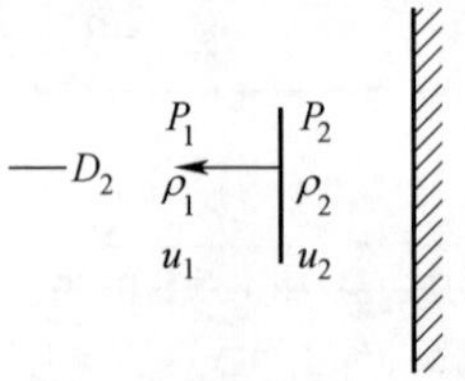　　　　图 3-2　平面发射冲击波

因为 $u_0 = u_2 = 0$,所以

$$(P_1 - P_0)(1/\rho_0 - 1/\rho_1) = (P_2 - P_1)(1/\rho_1 - 1/\rho_2) \tag{3-7}$$

令 $\Delta P_1 = P_1 - P_0$、$\Delta P_2 = P_2 - P_0$,分别表示为入射冲击波和反射冲击波的峰值超压,将冲击绝热方程代入式(3-7)整理后得

$$\Delta P_1{}^2/[(K-1)\Delta P_1 + 2KP_0] = (\Delta P_2 - \Delta P_1)^2/[(K+1)\Delta P_2 + (K-1)\Delta P_1 + 2KP_0]$$

于是

$$\Delta P_2 = 2\Delta P_1 + (K+1)\Delta P_1{}^2/[(K-1)\Delta P_1 + 2KP_0] \tag{3-8}$$

从式(3-8)中可以看出,冲击波经刚性壁面反射后的破坏能力比原来增强了。

实际上,冲击波在传播时遇到的目标往往是有限尺寸的,这时,除有反射冲击波之外,还会发生冲击波的绕流现象。假设平面冲击波垂直方向作用于一座很坚固的障碍物,这时就发生正反射,反射结果使壁面压力增高为 ΔP_2。与此同时,入射冲击波沿着障碍物顶部传播,显然并不发生反射,其波阵面上压力为 ΔP_1。由于 $\Delta P_1 < \Delta P_2$,因此稀疏波向高压区内传播。在稀疏波的作用下,壁面处气流向上运动,但在其运动过程中,由于受到障碍物顶部入射波气流的影响而改变运动方向,形成顺时针方向旋风(图 3-3)。旋风形成后,一方面使反射波后面的压力急剧下降;另一方面又和相邻的入射波一起作用,形成环流向前传播。环流进一步发展,绕过障碍物顶部沿着其后壁向下运动(图 3-4)。这时,障碍物后壁受到的压力将逐渐增加。如果冲击波是对不宽的障碍物作用,在水平方向同样会产生环流。当两个环流绕到障碍物后继续运动时,就发生相互碰撞现象,碰撞区的压力将骤然升高。

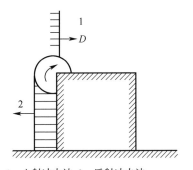
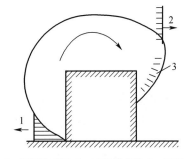

1—入射冲击波;2—反射冲击波。

图 3-3　冲击波与障壁正反射的初始情况

1—反射冲击波;2—入射冲击波;3—环流。

图 3-4　冲击波就绕过障碍物后的环流

在几种特定地形条件下,安全距离的确定可参考如下数据:

（1）当危险建筑物紧靠 20~30m 高的山脚下布置,山体坡度为 10°~25°时,危险建筑物与山背后建筑物之间的距离,比平坦地形可减小 10%~30%。

（2）当危险建筑物紧靠 30~80m 高的山脚下布置,山的坡度为 25°~35°时,危险建筑物与山背后建筑物之间的距离,比平坦地形可减小 30%~50%。

（3）在一个山沟中,一侧山高 30~60m,坡度为 10°~25°,另一侧山高 30~80m,坡度为 25°~30°,沟宽约为 100m,于沟内两山坡下相对布置的两个建筑物之间的距离,比平坦地形可增加 10%~50%。

（4）在一个山沟中,一侧山高 30~60m,坡度为 10°~25°,另一侧山高 30~80m,坡度为 25°~36°,沟宽为 40~100m,山沟的纵坡坡度为 4%~10%。沿沟纵深出口方向布置的两个建筑物之间的距离,比平坦地形可增加 10%~40%。

由于以上给出的是几种特定地形条件下,弹药作业区内、外部安全距离增减等参考数据,不是工作中可能遇到的全部实际情况。因此,在山区、丘陵等复杂地形进行弹药作业区建设时,面对安全距离的增减问题,应持慎重态度,该增加的距离一定要增加,可以减少的距离,则切勿随意减少。

3.4　抗爆小室和抗爆屏院

3.4.1　抗爆小室

抗爆小室需要承受较大爆炸荷载的作用,抗爆小室的设计工作宜由专门的设计单位按《抗爆小室结构设计规定》进行。尽管如此,在设计和使用抗爆小室时,仍需注意以下几点:

（1）抗爆小室宜采用现浇注的钢筋混凝土墙体和屋盖,对设计药量小于1kg且爆炸次数很少的抗爆小室,可采用厚度不小于37cm的砖或配筋砖墙和预制整体式屋盖。但应优先考虑选用钢筋混凝土结构,因为这种结构的整体性好,钢筋混凝土是弹塑性材料,具有较大的延性。采用这种结构的抗爆小室,具有较好的抵抗爆炸冲击波和破片等破坏的能力。如果设计、施工得当,可以经受爆炸荷载的多次反复作用而不需要进行修理。截至目前,国内兵工企业的抗爆小室,基本上都是采用这种结构的。实践证明,采用这种结构是可行的。

（2）抗爆小室的墙体和屋盖(不含轻质易碎屋盖)应符合以下要求:

① 当部分设计药量在小室内爆炸时,墙体和屋盖应完好无损,不应产生飞散、震塌或穿透等现象。

② 当全部设计药量在小室内爆炸时,墙体和屋盖受强烈冲击波的作用,均应基本完好。为此,小室的结构宜按弹塑性理论设计,并根据发生爆炸事故的多少,分别采用不同的控制延性比。

（3）为了防止抗爆小室内发生爆炸时爆炸破片和冲击波向外飞泄,抗爆小室的门、传递窗和观察孔上的玻璃应符合以下要求:

① 在爆炸破片的作用下不应产生穿透。

② 小室内发生爆炸时,能防止火焰和冲击波泄出。

③ 门应为单扇式,门的开启方向应在爆炸冲击波作用下呈关闭状态。

④ 在设计药量爆炸冲击波作用下,门的结构不应产生残余变形。

（4）在抗爆小室外墙墙体上应设置一定面积的轻型窗。当发生事故时,轻型窗将提供良好的泄压条件,避免爆炸冲击波在室内墙体上产生反射作用,增加墙体的负荷而破坏墙体。

（5）当抗爆小室与主体工房联建时,在结构上应做以下处理:

① 采用轻质易碎屋盖的抗爆小室,其墙体上端应高出相邻主体工房屋盖不小于50cm,以防止或减轻爆炸破片和冲击波对主体工房屋盖的破坏。

② 采用现浇钢筋混凝土屋盖的抗爆小室,设计药量不大于20kg时,或者采用轻质易碎屋盖的抗爆小室,设计药量不大于5kg,墙体的顶端可以支承主体工房的屋盖构件,但应加大其支承长度并加强锚固,以防抗爆小室发生爆炸时引起主体工房屋盖的损坏。

③ 设计药量大于20kg的屋盖为钢筋混凝土结构和设计药量大于5kg的屋盖为轻型结构的抗爆小室,与相邻主体工房之间应设置宽度不小于3cm的设抗震缝,以避免抗爆小室爆炸时,由于墙体产生位移,对主体工房结构带来不利影响。

3.4.2 抗爆屏院

抗爆小室轻型窗外若无自然屏障可以利用时,则应设置抗爆屏院。抗爆屏院应符合以下要求:

1. 屏院形式

屏院形式宜采用封闭式院墙,院墙以现浇钢筋混凝土为最佳。当选用可供人员出入的开口式抗爆屏院时,其开口内还应浇注钢筋混凝土院墙,开口式抗爆屏院可参照如图 3-5 和图 3-6 所示的样式设计。

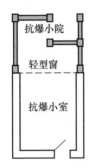

图 3-5 开口式抗爆屏院
平面布置示意图

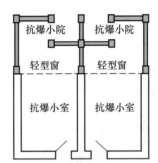

图 3-6 相邻抗爆小室开口式抗爆
屏院平面布置示意图

2. 屏院进深

屏院进深(抗爆小室轻型窗至与其相对的院墙间的距离)与抗爆小室的设计药量有关,可按表 3-4 确定。

表 3-4 抗爆屏院进深

抗爆小室设计药量/kg	抗爆屏院进深/m
≤3	3
4~15	4
16~30	5
30~50	6

3. 院墙高度

院墙高度不应低于抗爆小室檐口的高度。当屏院进深超过 4m 时,与抗爆小室相对的院墙高度应视环境情况适当增高,以利于拦截爆炸飞散物。

4. 屏院院墙的厚度。

当院墙采用钢筋混凝土结构时,其厚度不应小于 12cm;当抗爆小室设计药量小于1kg,选用砖或配筋砖院墙时,其厚度不应小于24cm。

3.5 防护屏障

3.5.1 防护屏障的防护作用

在危险工房和库房周围构筑防护屏障,是缩小设防安全距离、减少技术区占地面积而采取的有效措施。防护屏障的防护作用有 3 个方面:①可以阻挡爆炸碎片和冲击波在水平方向直接传播;②可以拦截小角度飞散的爆炸破片;③可以衰减爆炸冲击波的冲击强度。对于防护屏障的防护作用大小问题,各国人士的认识不完全一致:苏联权威人士认为,按规定设置的防护屏障可使设防安全距离缩小 1/2;美国的学者认为,设防护屏障,药量在 5t 以下设防安全距离可缩小 1/2,药量大于 20t 则不起防护作用;英国的专业人士则认为,设防护屏障可使设防安全距离缩小 1/3。

为了正确认识防护屏障的防护作用,相关单位做了大量爆炸试验,试验结果表明,防护屏障对拦截飞散的爆炸破片有明显效果,而防护爆炸冲击波的效果则与对比距离 R_0 的大小有关(图 3-7)。

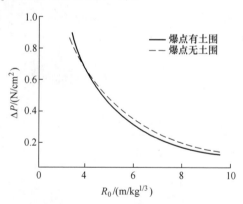

图 3-7 爆点有、无防护土堤时冲击波超压与 R_0 的关系

在试验中,梯恩梯炸药在平地爆炸,药量为 $300 \sim 4000\mathrm{kg}$,爆点周围设置防护土堤(按标准构筑),得到的冲击波超压随对比距离 R_0 衰减的计算公式为

$$\Delta P = 0.23R_0^{-1} + 7.73R_0^{-2} + 6.81R_0^{-3}, \quad 3 \leqslant R_0 \leqslant 18 \qquad (3-9)$$

式中:R_0 为对比距离,$R_0 = \dfrac{r}{\sqrt[3]{m}}$;$r$ 为炸点距离(m);m 为 TNT 炸药当量(kg)。

当 TNT 仍在地面爆炸,其药量为 $1 \sim 1000 kg$,爆点周围无防护土堤时,得到的冲击波超压随距离衰减的计算公式为

$$\Delta P = 0.57 R_0^{-1} + 6.99 R_0^{-2} + 4.37 R_0^{-3}, \quad 3 \leqslant R_0 \leqslant 13.5 \qquad (3-10)$$

利用式(3-9)和式(3-10)计算出的数据给出的曲线图如图 3-7 所示。

从图 3-7 中可以看出,爆点周围设防护土堤,在对比距离 $R_0 < 3.95$ 时,不仅不起防护作用,还使冲击波超压增高,这是爆炸冲击波到达防护土堤发生反射的结果。在对比距离 R_0 增大到 3.95 以上时,土堤才表现出防护作用。但是,当对比距离 R_0 增到更大时,两条曲线几乎重合。这说明在距离很大时,爆点周围所设的防护土堤的防护作用甚微。由此可知,评定爆点周围防护土堤的防护作用,必须考虑对比距离 R_0 这一因素。

爆点周围有、无防护土堤,爆炸冲击波超压与对比距离 R_0 的关系的试验数据如表 3-5 所示。

表 3-5　爆炸冲击波超压与对比距离 R_0 的关系的试验数据

冲击波超压/(N/cm^2)	相应的对比距离 R_0		防护土堤的作用/% (对比距离差值的百分数)
	爆点有土堤	爆点无土堤	
< 0.196	—	—	—
0.196～1.18	> 9.41	> 10.55	10.8
1.18～2.94	5.58～9.41	6.1～10.55	4.1～10.8
2.94～4.9	4.50～5.58	4.6～6.1	2.2～4.1
4.9～7.448	3.70～4.50	3.68～4.6	-0.54～2.2
> 7.448	< 3.70	< 3.68	> -0.54

表 3-5 内的数据清楚表明,当对比距离 R_0 较小时,防护土堤的作用为负值,说明在这种情况下爆点周围有了防护土堤反而不利,因为土堤使冲击波超压值增高;当对比距离 R_0 较大时,防护土堤才表现出某些防护作用。

如果在被保护建筑物周围设防护土堤,那么情况大不相同,其防护作用特别明显。因为爆炸冲击波刚越过防护土堤顶部时,由于空间突然扩大,在土堤的背爆面出现稀疏区使冲击波超压骤然下降,因此起到了较好的防护作用。在爆点和被保护建筑物周围有、无防护土堤情况下,防护土堤作用的试验结果如表 3-6 所示。

由表 3-6 可知,当爆点无防护土堤时,被保护建筑物有防护土堤比无防护土堤可减小距离 25%;当爆点有防护土堤时,被保护建筑物有防护土堤比无防护土堤可减小距离 21%。试验结果说明,被保护建筑物设防护土堤时,土堤防爆炸冲击波破坏的效果明显。

此外,炸药在防护土堤内爆炸时,在土堤的开口方向,冲击波超压增大。据有关资料介绍,该方向的冲击波超压与爆点周围无防护土堤相比,约增大 30%。因此,处于这一方向上的建筑物会遭到更为严重的破坏。对于这一点,在确定弹药技术处理区的布局时,应予以充分的注意。

表 3-6 防护土堤作用的试验结果

爆点土堤的情况	炸药量 /t	被保护建筑物土堤情况		R 缩减值 /%	备 注
		有土堤时 R/m	无土堤时 R/m		
爆点无土堤	0.3	25	35	29	(1) R 为到爆点的距离;
爆点无土堤	1	30	70	29	(2) 建筑的破坏等
爆点无土堤	1	35	45	22	级相同;
爆点无土堤	1	35.5	45	22	(3) 平地爆炸试验
平均值				25.5	
爆点有土堤	3	80	120	33	
爆点有土堤	10	80	90	12	
爆点有土堤	10	100	120	17	
平均值				20.7	
爆点有土堤	1	40	50	20	
爆点有土堤	1	60	80	25	山地爆炸试验
爆点有土堤	5	60	80	25	
爆点有土堤	1	40	50	20	
平均值				22.5	

3.5.2 防护屏障的设置

(1) 从安全考虑,A 级工房和 B 级周转库房应设防护屏障,而且一定要设防护屏障。B 级工房在不影响人员安全疏散的情况下,如果条件许可,也应设防护屏障。对于被保护的非危险建筑物和其他目标,当现有的安全距离达不到要求时,可在适当方向上设防护屏障。

(2) 防护屏障的形式,可根据技术处理区内的地形条件、建筑物布局和建筑物内存药量多少等因素,选用防护土堤、钢筋混凝土挡墙或夯土防护墙。如果取土没有困难,一般应选用防护土堤。当建筑物内存药量较少时,也可选用夯土防护墙。防护屏障的设置可根据具体情况,设在建筑物的四周、三面、两面或一面。但不管采用哪种形式的防护屏障,都应满足以下要求:

① 起到应有的防护作用,尽量减小无防护的范围。

② 发生事故时不影响人员的迅速疏散。

③ 当有运输要求时,应方便车辆的进出和装卸。

图 3-8 所示为 Π 形防护土堤作用范围。

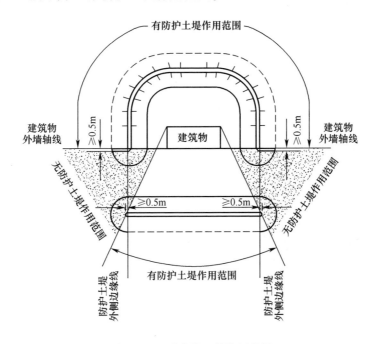

图 3-8 Π 形防护土堤作用范围

3.5.3 防护土堤的构筑

防护土堤高度。实践证明,当被保护建筑物为三角形屋盖时,若土堤与屋檐同高,则屋面易受外爆的破坏,威胁屋内人员的安全。因此,在条件允许时,土堤应高出屋檐 1m,最低不应低于屋檐高度。

防护土堤按顶宽不小于 1m,底宽不小于土堤高度的 1.5 倍的要求构筑,有利于防护土堤的稳固性和提高拦截爆炸破片的能力。

从有利于拦截爆炸破片和防冲击波考虑,建筑物外墙至防护土堤内坡脚的距离,应是越小越好。然而,由于采光、运输的需要,这个距离一般以 1～2m 为宜。

防护土堤用泥土或泥土添加适量石灰夯压而成。为了提高土堤的稳固性,可在防护土堤内、外坡脚处砌筑挡土墙,其高度不应超过室内地面 2m。实践证明,挡土墙过高,在室内发生爆炸事故时,有可能将高于挡土墙的部分炸飞,从而对周围环境的安全造成更大的威胁。据此,挡土墙以上部分不应使用砖、石等重质块状材料。

进入防护土堤内的地下线,应尽量沿防护土堤开口处或敞开面敷设,若在土堤下面敷设,一旦管线损坏,将给维修工作带来很大困难。

第4章　弹药场所安全技术

本章立足防止弹药意外爆炸的发生,主要介绍弹药储存与作业场所的电气防爆、雷电防护、静电防护和消防的基本原理与技术要求,旨在为危险品弹药处理的安全防护奠定技术基础。

4.1　电　气　防　爆

4.1.1　电气设备常见故障

1. 短路

当火线与火线或火线与地线在某一点碰在一起时,引起电流突然大量增加的现象称为短路。由欧姆定律可知,短路时,导体内的电流很大,在极短的时间内的发热量也很大,不仅能使绝缘体燃烧,而且能使金属熔化,引起邻近的易燃、可燃物质燃烧,造成火灾。

电气设备短路的主要原因有:

(1) 未按使用环境的具体要求选择和安装电气设备。电气设备的绝缘体因受到高温、潮湿、酸或碱的腐蚀及机械损伤等而遭到损坏。

(2) 个别电气设备使用时间过长,绝缘体老化发脆。

(3) 因过电压而击穿电气设备的绝缘体。

(4) 电气设备线路连接错误,通电前未检查。

2. 过载

电气设备允许通过而不致发热的电流量,称为电气设备的安全电流。当电气设备中的电流超过了安全电流,就称为电气设备过载。当电气设备过载时,其温度升高将超过最高允许工作温度,在高温作用下,电气设备的绝缘层就会老化,甚至变质损坏,引起短路起火事故。引起过载的主要原因有:

(1) 设计、安装时选型不正确,以致电气设备的负载超过其容量。

(2) 大容量的电气设备盲目通电使用。

(3) 因故障使三相电动机变为二相电动机运转,使每相电流要比正常增大

70%~80%。

（4）电气设备的启动电流过大，并且在短期内多次连续启动。

（5）电气设备的过载保护整定值，一般较其额定电流为大，除严重过载之外，保护装置不起作用，使电气设备长期过载。

3. 接触电阻过大

电气设备的电气连接不牢或其他原因，在连接处造成局部接触电阻过大，电流通过时发热量增加，温度升高，产生过热。接触电压过大，可使连接处的金属变色，严重时可使接头熔化，设备烧毁，甚至燃烧成灾。造成接触电阻过大的主要原因有：

（1）电气接头表面原有的污垢未彻底清除，以致接触电阻升高。

（2）电气接头长期使用未经检修，在表面产生了一层导电不良的氧化膜。

（3）电气接头因受到震动或热作用，长时间容易导致连接松动。

（4）当铜、铝直接连接时，在铜、铝连接处有 1.69V 的电位差，如果遇潮湿，会发生电解作用，使铝导体腐蚀，导致接触不良。

4. 电火花与电弧

电火花是电极间放电的结果，电弧是由大量密集的火花构成的。电火花和电弧可引起周围可燃物质燃烧，特别是有爆炸危险的场所，可引起燃烧或爆炸。电弧的温度可达 3000℃ 以上，能使电气设备绝缘物燃烧或金属熔化，甚至烧毁整个电气系统。因此，电火花和电弧是一个极危险的火源。形成电火花和电弧的主要原因有：

（1）电气绝缘层损坏，发生短路。

（2）电气接头连接松动且通过大电流。

（3）接地装置不良，或者设备与接地装置距离过近，当雷击、静电放电时，能发生电弧。

（4）接通或断开大容量的电路，或者大截面的熔体熔断。

（5）当带电情况下检修或操作电气设备时，金属工具或器械接触电极。

在电气设备使用中，除上述常见故障之外，下列情况下也可能造成电气火灾危害。

（1）在大功率的灯泡、敞开式的电炉接电使用时，相当于一个高温的热源与火源。当其安装位置不当或长期通电又无人管理时，可能使邻近的可燃物受到高温的烘烤而起火。

（2）电气设备转动部位的润滑系统没有定期加油、清洗换油，使其转动部分缺油、充满污垢而发生干磨、转不动等情况，以致过热而起火。

（3）在邻近电气设备的场所发生火灾时，未及时断开电源，可能燃烧成灾。

4.1.2　电气危险场所等级划分

电气防爆危险场所等级是根据易燃、易爆物质因电气设备的电火花、电弧和高温引起燃烧或爆炸事故的概率大小及后果的严重程度进行划分的。根据划分的电气防爆危险场所等级,按级采取安全防护措施,对预防电气设备线路在运行中因产生电火花和高温而引起燃烧或爆炸事故具有十分重要的意义。

根据上述电气防爆危险场所等级划分的原则,弹药作业区危险场所通常分为3级,即Ⅰ级、Ⅱ级和Ⅲ级3个危险等级,如表4-1所示。

表4-1　弹药作业区电气防爆危险场所的分级

危险等级	危险场所名称
Ⅰ	储存发射药、黑火药、烟火药、炸药及其药块、药柱、药包、药管的周转库房
Ⅱ	储存装有电发火装置的炮弹、火箭弹、战术导弹的周转库房,含磷的燃烧弹和发烟弹周转库房,火工品、导火索、导爆索周转库房,用金属容器密封包装的发射药、黑火药、烟火药周转库房。 弹药修理、报废弹药处理作业线上有火药、炸药、引信、火工品或弹药存在的工作间,导弹电发火装置检测间,火药、炸药、引信、火工品化验试验样品库房,易燃溶剂、油脂库房
Ⅲ	储存除Ⅰ、Ⅱ级范围之外的各种枪弹、炮弹、火箭筒弹、手榴弹等周转库房,火药、炸药理化试验工作间,引信、火工品分解和燃、爆试验工作间。专用铁路装卸站台

4.1.3　防爆电气设备的选择

防爆电气设备是指在危险环境中使用安全而不会引起燃爆事故的特种电气设备,可以分为隔爆型、本质安全型、增安型、正压型等类型,并规定用英文缩写字母"Ex"作为防爆电气设备的总标志。

1. 防爆电气设备的类别及其标志

防爆电气设备按适用场所存放的易燃易爆物质不同分为3类,如表4-2所示。

表4-2　防爆电气设备的类别、标志及适用场所

类别	标志	适用场所	说明
Ⅰ类	Ⅰ	煤矿井下用,易燃、易爆物质为甲烷	老标志为KB(矿用隔爆型)
Ⅱ类	Ⅱ	爆炸性气体、蒸汽场所	
Ⅲ类	Ⅲ	爆炸性粉尘或纤维场所	爆炸性粉尘或纤维场所的电气设备目前按Ⅱ类危险场所使用的电气设备选用

2. 防爆电气设备的形式及其标志

为满足使用要求,按电气设备的结构和防爆原理的不同分为以下 7 个主要型式。

1) 隔爆型电气设备(d)

将能点燃爆炸混合物的部件封闭在一个外壳内,该外壳能承受内部爆炸混合物的压力并阻止其向周围的爆炸性混合物传爆的电气设备。

2) 增安型电气设备(e)

在正常运行条件下,不会产生电弧、火花或点燃爆炸性混合物的温度,并在结构上采取措施提高安全程度,以避免在正常和认可的过载条件下点燃爆炸混合物的电气设备。

3) 本质安全型电气设备(i)

在规定条件下(包括正常运行或规定的故障条件下)所产生的火花或热效应均不能点燃爆炸性混合物的电气设备。

4) 正压型电气设备(p)

它具有保护外壳,并且外壳内充有保护气体,其压力保持高于周围爆炸性混合气体的压力,以避免外部爆炸性混合物进入外壳内部的电气设备。

5) 充油型电气设备(o)

全部或某些带电部件浸在油中,使之不能点燃油面或外壳周围的爆炸性混合物的电气设备。

6) 充砂型电气设备(q)

外壳内充填细颗粒材料,以便在规定使用条件下,外壳内产生的电弧、火焰传播,壳壁或颗粒材料表面的过热温度均不能够点燃周围的爆炸性混合物的电气设备。

7) 无火花型电气设备(n)

在正常条件下不产生电弧或火花,也不产生能够点燃周围爆炸性混合物的高温表面灼热点,且一般不会发生有点燃作用故障的电气设备。

表 4-3 列出了上述防爆电气设备的新老型式及其标志。

表 4-3 防爆电气设备的新老型式及其标志

序号	型　　式		标　　志	
	新	老	新	老
1	隔爆型	隔爆型	d	B
2	本质安全型	安全火花型	i(ia、ib)	H
3	增安型	防爆安全型	e	A

序号	型　式		标　志	
	新	老	新	老
4	正压型	防爆通风、充气型	p	F
5	充油型	防爆充油型	o	C
6	充砂型		q	
7	无火花型		n	

3. 防爆电气设备的级别及其标志

由于弹药作业区所涉及的防爆电气设备均属于Ⅱ类,因此下面只讨论Ⅱ类防爆电气设备。

Ⅱ类隔爆型和本质安全型电气设备按适用于爆炸性气体、蒸汽的最大试验安全间隙和最小点燃电流比,分为 A、B、C 3 级。A、B、C 级电气设备对应的安全间隙和最小点燃电流比如表4-4所示。

表4-4　Ⅱ类防爆电气设备最大试验安全间隙和最小点燃电流比

类·级	最大试验安全间隙/mm	最小点燃电流比	备　注
Ⅱ·A	$0.9 < MESG < 1.4$	$0.8 < MICR < 1.0$	最小点燃电流比是按规定方法测得的最小电流与测得甲烷的最小点燃电流之比的值
Ⅱ·B	$0.5 < MESG \leqslant 0.9$	$0.45 < MICR \leqslant 0.8$	
Ⅱ·C	$MESG \leqslant 0.5$	$MICR \leqslant 0.45$	

4. 防爆电气设备的温度组别

Ⅱ类防爆电气设备按其表面允许的最高温度不同分为 T1～T6 六组(同爆炸性气体、蒸汽的引燃温度分组相适应),各组对应的电气设备的允许最高表面温度如表4-5所示。

表4-5　各组对应的电气设备的允许最高表面温度

温度组别	允许最高表面温度/℃	备　注
T1	450	
T2	300	最高表面温度,对隔爆型电气设备是指外壳表面温度;对其他防爆电气设备是指可能与爆炸性混合物接触的表面温度
T3	200	
T4	135	
T5	100	
T6	85	

5. 正确选择防爆电气设备

根据电气防爆危险场所的分级和防爆型电气设备的有关规定,对号入座,正确选用防爆电气设备。各级电气防爆危险场所电气设备防爆型式的选择如表4-6所示。

表4-6 各级电气防爆危险场所电气设备防爆型式的选择

危险等级	可选用的电气设备
I	不允许安装电气设备,只允许安装电动机的控制按钮及监视用的电工仪表,其选型与II级危险场所电气设备相同
II	II类(工厂用)隔爆型B级或正压型、充油型、本质安全型、增安型(仅限于灯具与控制按钮)。设备外壳温度不应超过120℃
III	IP54级防水防尘型或相当防水防尘型,电动机采用封闭型鼠笼感应电动机

例如,储存火箭弹的库房和弹药处理作业线上有弹药存在的工作间,对照防爆标志的选择。

（1）隔爆型:ExdIIBT5。

（2）本质安全型:ExiaIIBT5 或 ExibIIBT5。

（3）增安型:ExeIIT5。

（4）正压型:ExpIIT5。

（5）充油型:ExoIIT5。

（6）充砂型:ExqIIT5。

（7）无火花型:ExnIIT5。

（8）主体隔爆型且有增安型部件的:ExdeIIT5。

（9）主体增安型具有正压型部件的:ExePIIT5。

在选择防爆电气设备时,应注意以下事项。

（1）电气设备外壳的明显处,应有清晰的永久性凸纹标志"Ex",小型电气设备及仪器、仪表也应有标志牌铆在或焊在外壳上,并且有凹纹标志。

（2）电气设备外壳的明显处,应有铭牌,并可靠固定,铭牌须包括下列主要内容:

① 铭牌的右上方有明显的标志"Ex"。

② 防爆标志,并顺次标明防爆形式、类别、级别、温度组别等标志。

③ 防爆合格证编号。

④ 产品出厂日期或产品编号。

（3）铭牌是由黄铜、青铜或不锈钢板制成的,厚度不小于1mm(仪器仪表的铭牌,厚度不小于0.5mm)。

（4）选用电气设备的引线装置结构应与引入电缆或导线连接用的连接件相一致，如电动机，当工房采用钢管布线时，电动机应选用螺纹连接方式的引线装置，以便于布线钢管或防爆挠性连接软管与电动机的连接。

4.1.4 防爆电气设备的连接

防爆电气设备的连接应严格按产品使用说明中的有关要求进行，下面就连接中的有关问题介绍如下。

1. 电线管与电机的连接

目前电线管与电机的连接主要存在如下问题：

（1）电机的进线盒不对口的问题。防爆电动机的进线盒有两种形式：①电缆进线（即喇叭口型）；

②电线管进线（即管接头型）。在电动机订货合同中，用户可以根据采用哪种进线形式指定电机厂配给相应的进线盒。电机厂规定，如果用户不指定，就一律提供喇叭口型接线盒。但实际上的电线大多数采用穿钢管敷设，与电动机的喇叭口型接线盒不配套，钢管无法与喇叭口连接，只能让 3 根电线外露进入喇叭口，这是电气防爆中极大的漏洞。

（2）蛇皮管进线的问题。不允许采用蛇皮管进行电线与电机进线盒的连接。

2. 防爆电动机的连接

防爆电动机的连接建议采用防爆挠性连接管连接。在选用时，应注意挠性连接管与电动机连接盒，以及与钢管之间的连接螺旋尺寸的配合。

如果电动机是喇叭口进线，要改钢管进线，只要提供喇叭口底部法兰部分的孔位、孔径草图，去掉原来的喇叭口，把它变为带有外螺纹的出线接头，与连接管的接头螺母配合拧在一起即可。改制可由供货厂负责。

4.1.5 电气线路线材的选择与敷设

1. 电气线路线材的选择

（1）选用的导线和电缆的类型与截面积应符合线路的电流、电压、使用环境和危险场所的要求。

（2）在Ⅰ级（只限于控制按钮、电工仪表及通信设备的线路）及Ⅱ级危险场所，不允许选用铝导线。根据有关资料，从安全角度考虑，铝线的机械强度差，需要过渡连接而加大接线盒，以及连接技术难以控制以保证质量。铝线在 60A 以上的电弧引爆时，其传爆间隙又接近制造规程中的允许间隙，电流再大时很不安全。为了节约用铜，Ⅲ级危险场所规定允许选用铝导线，但移动电缆仍要采用铜芯导线,主要是考虑机械强度,提高安全度。

2. 电气线路的敷设

(1) 电气线路应在危险性较小的场所或离释放源较远的地方敷设。当爆炸性气体比空气重时,电气线路应在较高处敷设或直接埋地敷设。

(2) 线路在安装时,接头应严密可靠,并尽量减少接头,穿线管内严禁做接头;导线的连接应做过渡接头,大截面积的连接应用焊接和压接法。同时,导线与导线之间,导线与墙壁、顶棚、金属建筑构件之间,以及固定导线的绝缘子之间,应符合规定的间距要求;导线与支持物应固定牢靠,导线敷设不宜过松;易受损伤和穿过楼板、墙壁的部位要有保护措施。

(3) 线路上应按规定安装断路器或熔断器,以便在线路发生短路时可靠切断电源;熔断器应安装在非燃烧性配电板(盘)上,并与热源和可燃物之间保持一定的距离;大容量熔断器安装在由不燃材料制成的保护罩内,防止熔体熔断时的炽热金属渣飞溅。

3. 埋地电缆的敷设

引入工房等危险场所的埋地电缆是向室内供电的电力线路,埋地电缆敷设是否符合要求,直接影响到室内用电的安全性和可靠性。因此,直埋电缆的敷设,应在电缆路径上采取有效保护措施,防止电缆受到机械损伤、化学作用、地下电流、振动、热影响、腐蚀等危害。

(1) 电缆表面与地面的距离不应小于0.7m,难施工地段不小于0.5m,穿越农田时不应小于1m,只有在引入建筑物时,与地面(下)建筑物交叉及绕过地下建筑物处,可埋设浅些,但应采取保护措施。

(2) 电缆应埋设于冻土层以下。当无法深埋时,应采取措施,防止电缆受到损坏。

(3) 电缆与电缆之间平行距离不小于0.1m、交叉距离不小于0.5m。在交叉点前后1m范围内,如电缆穿入管内或用隔板隔开时,交叉净距离可降低为0.25m。与其他管道之间的平行及交叉距离均不小于0.5m。例如,交叉净距离不能满足要求时,应将电缆穿入管中,则其净距离可减为0.25m,与排水沟平行距离为1m,交叉距离为0.5m。在绕过建筑物时,电缆与建筑物基础(边线)之间的距离为0.6m,与公路的平行距离为1.5m,交叉距离为1m。在特殊情况下,平行净距离可酌减。

(4) 当电缆与道路、排水沟、建筑物交叉时,应敷设在坚固的保护管或隧道内。电缆管的两端宜伸出道路路基两边各2m,伸出排水沟0.5m。

(5) 直埋电缆的上、下需铺以不小于100mm厚的软土或沙土,并盖以混凝土保护板,其覆盖宽度应超过电缆两侧各50mm,也可用砖块代替混凝土盖板。

此外,填入软土或沙子中不应有石块或其他硬杂物。电缆走向及拐弯处应设明显标志桩。

（6）电缆终端头或电缆接头的制作,应由经过培训的熟悉工艺的人员进行,或者在技术人员的指导下进行工作,并应严格遵守制作工艺规程。在室外制作时,应在气候良好的条件下进行,并应有防止尘土和外来污物的措施。

（7）电力电缆的终端头,电缆接头的外壳与该处的电缆金属护套及铠装层均应良好接地。接地线应采用铜绞线,其截面积不小于 10mm^2。直埋电缆接头盒的金属外壳及电缆的金属护套应做防腐处理。

（8）铝电缆芯线在与其他电器设备接线端子连接时,应采用铜铝过渡端子或搪锡后连接。

（9）铠装电缆在敷设时的最小弯曲半径不得小于电缆直径的 10 倍,内带铅护套的铠装电缆最小弯曲半径不小于电缆直径的 20 倍。

4.1.6　防水防尘电气设备

电气设备内进入水分和粉尘,是电气设备发生短路、漏电或损坏的重要原因之一。在电气设备工作时,往往要产生较大的热量导致其温度升高,不工作时就会散热冷却。在湿度较大的环境下,电气设备多次发热和冷却后,电气设备内部就易形成水露凝聚,吸附在电气设备的绝缘子、绝缘板、绕组、金属件等表面上。空气湿度越大,温度越高,这种水露凝聚就越多。在高温条件下,周围介质中的水分可导致绝缘表面放电并使绝缘电阻降低,漏电电流增大,甚至短路;金属部件也因高温、高湿而加剧腐蚀,使金属部件的强度降低,导电截面积减少,从而造成电气设备的损坏,甚至发生事故。

电气设备工作时产生的热量,要通过电气设备向周围环境散热。当电气设备处在有粉尘的环境下,粉尘进入电气设备内部或覆盖在外壳上,就会使电气设备的散热性能变差,从而因热量积累而导致过热,使电气设备寿命缩短,甚至造成事故。另外,有的粉尘本身就具有导电性,这类粉尘进入电气设备内部,特别是在潮湿条件下,可使电气设备的灵敏度降低,泄漏电流增大,产生表面放电或短路。

为了防止水分、粉尘的危害,规定有关场所的电气设备采用封闭型、防水型、防尘型。

1. 防水、防尘照明灯具

灯类产品型号编排方法如下。

表 4-7～表 4-9 列举了几种防水、防尘灯具的结构性能。其中,d、D、L、H分别表示灯座直径、灯罩直径、灯杆长度和灯罩高度。

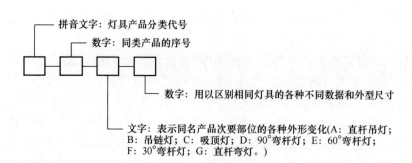

拼音文字：灯具产品分类代号

数字：同类产品的序号

数字：用以区别相同灯具的各种不同数据和外型尺寸

文字：表示同名产品次要部位的各种外形变化(A：直杆吊灯；
B：吊链灯；C：吸顶灯；D：90°弯杆灯；E：60°弯杆灯；
F：30°弯杆灯；G：直杆弯灯。)

表 4-7　GC9 广照型防水、防尘型灯

用途	室内多水多尘的场所的照明							
结构	钢板搪瓷灯罩,螺口透明玻璃罩,橡胶密封圈,铸铝或铸铁灯座,铸铁或钢板冲制底座							
基本数据	型　号	外形尺寸/mm				灯泡功率/W	灯泡电压/V	灯座型式
		d	D	L	H			
	GC9-A、B-1	100	355	500~1200	170	60~100	110/220	E-27
	GC9-C-1	120		—	217			
	GC9-D、E、F、G-1	100		300	170			
	GC9-A、B-2	100	420	500~1200	180	150~200	110/220	E-27
	GC9-C-2	120		—	227			
	GC9-D、E、F、G-2	100		350	180			

表 4-8　GC11 广照型防水、防尘型灯(有保护网)

用途	室内多水多尘的场所、车间的照明							
结构	钢板搪瓷灯罩,螺口透明玻璃罩,铁丝保护网,铸铝或铸铁灯座,铸铁或钢板冲制底座							
基本数据	型　号	外形尺寸/mm				灯泡功率/W	灯泡电压/V	灯头型式
		d	D	L	H			
	GC11-A、B-1	100	355	500~1200	170	60~100	110/220	E-27
	GC11-C-1	120		—	217			
	GC11-D、E、F、G-1	100		300	170			
	GC11-A、B-2	100	420	500~1200	180	150~200	110/220	E-27
	GC11-C-2	120		—	227			
	GC11-D、E、F、G-2	100		350	180			

表 4-9　GC15 散照型防水、防尘型灯

用途	室内多水多尘的场所照明							
结构	乳白色或透明灯罩,13mm 焊接灯管,橡胶密封防水装置,白瓷螺口灯头,铸铝灯座,铸铁底座							
基本数据	型　号	外形尺寸/mm				灯泡功率/W	灯泡电压/V	灯座型式
		d	D	L	H			
	GC15-A、B-1	100		350~1000	260			
	GC15-C-1	120	130	—	300	60~100	110/220	E-27
	GC15-D、E、F、G-1	100		300	260			
	GC15-A、B-2	100		300~1000	310			
	GC15-C-2	120	150	—	348	150~200	110/220	E-27
	GC15-D、E、F、G-2	100		350	310			

2. 封闭型电动机

电动机根据其结构和适用范围,分为开启型、保护型、封闭型和密封型。在有关危险场所中规定用封闭型电动机,是因为封闭型电动机的外壳上有散热筋,并采用外风扇吹冷,它具有较好的散热性能,能阻止机壳外空气的自由交换,适用于多尘和多水土飞溅的场所。封闭型电动机并不完全密封,在有化学腐蚀性的环境下,还应采用有耐酸碱腐蚀等防腐措施的封闭型电动机。

4.2　雷电防护

4.2.1　防雷类别的划分

通常情况下,建筑物的防雷类别应按其重要性及发生雷电事故的可能性大小和后果的严重程度进行划分。划分建筑物防雷类别的目的是便于对不同类别的防雷建筑物采取不同的防雷措施,使所采取的防雷措施对建筑物既得到有效的保护,又能合理地减少经费投入。在正常情况下,雷击易引发燃烧、爆炸事故,由此造成严重后果的建筑物,其防雷类别应高定,其防雷措施也应严格;在正常情况下,雷击不易发生,但一旦发生有可能引发燃烧、爆炸事故,而事故后果相对较严重的建筑物,其防雷类别可相对低定,其防雷措施可相对简化。

弹药作业区内的危险建筑物,按防雷类别可以划分为第一类防雷建筑物和第二类防雷建筑物,如表 4-10 所示。第一类防雷建筑物包括危险等级为 I 级和 II 级的危险场所所属的建筑物;第二类防雷建筑物包括危险等级为 III 级的危

险场所所属的建筑物。各级危险场所所属的建筑物如表4-10所示。当危险建筑物内有不同危险等级的工作间时,其防雷类别应按危险等级高的工作间确定。

表4-10 弹药作业区内的危险建筑物防雷类别的划分

防雷类别	危险等级	危险场所名称
第一类防雷建筑物	I	储存发射药、黑火药、烟火药、炸药及其药块、药柱、药包、药管的周转库房
	II	储存装有电发火装置的炮弹、火箭弹、战术导弹的周转库房,含磷的燃烧弹和发烟弹周转库房,火工品、导火索、导爆索周转库房,用金属容器密封包装的发射药、黑火药、烟火药周转库房。 弹药修理,报废弹药处理作业线上有火药、炸药、引信、火工品或弹药存在的工作间,导弹电发火装置检测间,火药、炸药、引信、火工品化验试验样品库房,易燃熔剂、油脂库房
第二类防雷建筑物	III	储存除I、II级范围之外的各种枪弹、炮弹、火箭筒弹、手榴弹等周转库房。 火药、炸药理化试验工作间,引信、火工品分解和燃、爆试验工作间。专用铁路装卸站台

4.2.2 防雷措施

1. 第一类防雷建筑物

1) 防直击雷

在正常情况下,第一类防雷建筑物因雷电火花就可能引发爆炸事故而造成人员伤亡和经济损失。为了确保安全,应使雷击点和雷击电流流过的路径都同被保护建筑物保持一定的距离。因此,第一类防雷建筑物应装设独立避雷针,架空避雷线或架空避雷网,使被保护的建筑物和突出屋面的物体均处于接闪器的保护范围内。

由于突出屋面的排放易燃易爆气体、蒸气或粉尘的管道容易遭受雷击,危险性较大,因此规定排放易燃易爆气体、蒸气或粉尘的管道,其管口附近的危险空间(表4-11),应处于接闪器保护范围内(排放达不到燃爆浓度的管道可除外),接闪器与雷闪接触点应设在该空间之外。

表 4-11　排放易燃易爆气体、蒸气或粉尘的管口附近的危险空间

装置内的压力与周围空气压力的压力差/kPa	排放物的比重	管口附近的危险空间/m	
		垂直	水平
< 5	重于空气	1	2
5~25	重于空气	2.5	5
≤25	轻于空气	2.5	5
> 25	重或轻于空气	5	5

注:本表适用于有管帽的管道。当无管帽时,管口上方的危险空间为半径5m的半球体。该半球体垂直时在管帽以上,水平时在管口各个方向。

　　当防雷装置接受雷击时,在接闪器、引下线和接地体上都产生很高的电位。如果防雷装置与建筑物内外电气设备、电线或其他金属管线的绝缘距离不够,它们之间就会产生放电,这种现象称为反击。

　　反击可能引起电气设备绝缘损坏,金属管道烧穿,甚至引起火灾、爆炸及人身事故。为了防止反击事故的发生,应使防雷装置与这些物体之间保持一定的安全距离。图4-1是引下线与建筑物内金属管道的关系示意图。根据欧姆定律,假设大地电位为零,则防雷装置地上高度 h_x 处的电位为

$$U = U_R + U_L = IR_i + L_0 h_x \frac{\mathrm{d}i}{\mathrm{d}t} \tag{4-1}$$

式中:U_R 为雷电流流过防雷装置时接地装置上的电阻电压降(kV);U_L 为雷电流流过防雷装置时引下线上的电感电压降(kV);R_i 为接地装置的冲击接地电阻(Ω);h_x 为被保护物的高度(m);$\frac{\mathrm{d}i}{\mathrm{d}t}$ 为雷电流陡度(kA/μs);I 为雷电流幅值(kA);L_0 为引下线的单位长度电感(μH/m),取值为 1.5μH/m。

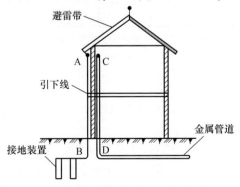

图 4-1　引下线与建筑物内金属管道的关系示意图

在用独立避雷针保护建筑物时,为了防止雷电波通过防雷装置产生的高电位对被保护建筑物或金属物体发生反击,防雷装置离开上述构件的安全距离,应仍按电阻电压降和电感电压降相应求出的距离相加而得。因此相应的安全距离为

$$S_{a1} = \frac{IR_i}{E_R} + \frac{L_0 h_x \dfrac{di}{dt}}{E_L} \qquad (4-2)$$

式中:E_R 为电阻电压降的空气击穿强度(kV/m),取为 500kV/m;E_L 为电感电压降的空气击穿强度(kV/m)。

根据有关技术文件,各类防雷建筑物所采用的雷电流参数列于表 4-12~表 4-14 中。根据对雷电所测量的参数可知,雷电流最大幅值出现于第一次正极性或负极性雷击,雷电流最大陡度出现于第一次雷击以后的负极性雷击,正极性雷击通常仅出现一次雷击,无重复雷击。

国际电工委员会(IEC)的有关文件提出电感电压降的空气击穿强度为

$$E_L = 600\left(1 + \frac{1}{T_1}\right) \qquad (4-3)$$

表 4-12　首次雷击的雷电流参量

雷电流参数	防雷建筑物类别		
	第一类	第二类	第三类
I 幅值/kA	200	150	100
T_1 波头时间/μs	10	10	10
T_2 半值时间/μs	350	350	350
Q_s 电荷/C	100	75	50
W/R 单位能量/(MJ/Ω)	10	5.6	2.5

注:1. 因为全部电荷量 Q_s 的本质部分包括在首次雷击中,所以所规定的值考虑合并了所有短时间雷击的电荷量;

2. 由于单位能量 W/R 的本质部分包括在首次雷击中,因此所规定的值考虑合并了所有短时间雷击的电荷量;

3. 本表中的防雷建筑物类别是由国家标准规定的,弹药作业区内的建筑物均属于本表中的第一类。

根据式(4-3),当 $T_1 = 10$μs 时,$E_L = 660$kV/m;当 $T_1 = 0.25$μs 时,$E_L = 3000$kV/m。以表 4-12 中的有关参量($I = 200$kA)和上述有关数值代入式(4-2),其中,$di/dt = I/T = 200/10 = 20$(kA/μs),得 $S_{a1} = 0.4R_i + 0.0455h_x$,考虑计算简

化,取为 $S_{a1} = 0.4R_i + 0.04h_x = 0.4(R_i + 0.1h_x)$。因此

$$S_{a1} \geqslant 0.4(R_i + 0.1h_x) \tag{4-4}$$

式中:S_{a1} 为空气中距离(m)。

表 4-13　首次以后雷击的雷电流参量

雷电流参数	防雷建筑物类别		
	第一类	第二类	第三类
I 幅值/kA	50	37.5	25
T_1 波头时间/μs	0.25	0.25	0.25
T_2 半值时间/μs	100	100	100

注:本表中的防雷建筑物类别是由国家标准规定的,弹药作业区内的建筑物均属于本表中的第一类。

表 4-14　长时间雷击的雷电流参量

雷电流参数	防雷建筑物类别		
	第一类	第二类	第三类
Q_1 电荷量/C	200	150	100
T 时间/s	0.5	0.5	0.5

注:本表中的防雷建筑物类别是由国家标准规定的,弹药作业区内的建筑物均属于本表中的第一类。

同理,改用表 4-13 及其他有关数值代入式(4-2),其中,$di/dt = I/T = 50/0.25 = 200(kA/\mu s)$,得 $S_{a1} = 0.1R_i + 0.1h_x$。因此

$$S_{a1} \geqslant 0.1(R_i + h_x) \tag{4-5}$$

式(4-4)和式(4-5)相等的条件为 $0.4(R_i + 0.1h_x) = 0.1(R_i + h_x)$,即 $h_x = 5R_i$。因此,当 $h_x < 5R_i$ 时,式(4-4)的计算值大于式(4-5)的计算值;当 $h_x > 5R_i$ 时,式(4-5)的计算值大于式(4-4)的计算值;当 $h_x = 5R_i$ 时,两值相等。

根据有关文献,土壤的冲击击穿场强为 200~1000kV/m,其平均值为 600kV/m,取与空气击穿强度一样的数值 500kV/m。根据表 4-12,对第一类防雷建筑物取 $I = 200kA$。地中的安全距离为 $S_{e1} \geqslant IR_i/500 = 0.4R_i$,即

$$S_{e1} \geqslant 0.4R_i \tag{4-6}$$

式中:S_{e1} 为地中距离(m)。

当建筑物采用架空避雷线进行保护时,如图 4-2 所示,按雷击于避雷线中央考虑 S_{a2}。由于两端分流,对于任一端可近似地将雷电流幅值和陡度减半计算。因此,避雷线中央的电位为 $U = U_R + U_{L1} + U_{L2}$。所以,

$$S_{a2} = \frac{U_R}{E_R} + \frac{U_{L1} + U_{L2}}{E_L} = \frac{\frac{I}{2} \cdot R_i}{E_R} + \frac{\frac{1}{2}\left(L_{01}h + L_{02}\frac{l}{2}\right)\frac{di}{dt}}{E_L} \qquad (4-7)$$

式中：S_{a2} 为避雷线至保护物的空气中距离（m）；l 为避雷线的水平长度（m）；h 为避雷线支柱的高度（m）；U_{L1} 为雷电流流过防雷装置时引下线上的电感电压降（kV）；U_{L2} 为雷电流流过防雷装置时避雷线上的电感电压降（kV）；L_{01} 为垂直敷设的引下线的单位长度电感（μH/m），按引下线直径 8mm、高 20m 时的平均值 $L_{01} = 1.69$μH/m 计算；L_{02} 为水平避雷线的单位长度电感（μH/m），按避雷线截面积 35mm²、高 20m 时的值 $L_{02} = 1.93$μH/m 计算。

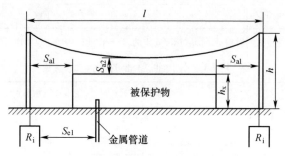

图 4-2 架空避雷线与被保护物示意图

与独立避雷针的计算方法相同，以表 4-4 和上述有关的数值代入式(4-7)，得

$$S_{a2} = 0.2R_i + 0.0256h + 0.0292\frac{l}{2} \approx 0.2R_i + 0.03\left(h + \frac{l}{2}\right)$$

因此

$$S_{a2} \geqslant 0.2R_i + 0.03\left(h + \frac{l}{2}\right) \qquad (4-8)$$

再以表 4-13 和上述有关的数值代入式(4-7)，得

$$S_{a2} = 0.05R_i + 0.0563h + 0.0643\frac{l}{2} \approx 0.05R_i + 0.06\left(h + \frac{l}{2}\right)$$

因此

$$S_{a2} \geqslant 0.05R_i + 0.06\left(h + \frac{l}{2}\right) \qquad (4-9)$$

式(4-8)和式(4-9)相等的条件为 $0.2R_i + 0.03(h+l/2) = 0.05R_i + 0.06(h+l/2)$，即 $(h+l/2) = 5R_i$。因此，当 $(h+l/2) < 5R_i$ 时，式(4-8)的计算值大于式(4-9)的计算值；当 $(h+l/2) > 5R_i$ 时，式(4-9)的计算值大于式(4-8)的计算值；当 $(h+$

82

$l/2$) = $5R_i$时,两值相等。

当建筑物采用架空避雷网进行保护时,如图4-3所示。将式(4-8)和式(4-9)中的系数以两支路并联还原,即乘以2,并以l_1代替$l/2$,再除以有同一距离的l_1个数,则得出架空避雷网的支柱和接地装置至被保护建筑物及与其有联系的金属物之间的安全距离如下:

当$h+l_1<5R_i$时,

$$S_{a2} \geq \frac{1}{n}\left[0.4R_i + 0.06(h + l_1)\right] \quad\quad (4-10)$$

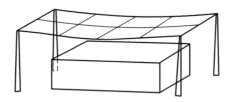

图4-3　架空避雷网的一个例子

当$h+l_1 \geq 5R_i$时,

$$S_{a2} \geq \frac{1}{n}\left[0.1R_i + 0.12(h + l_1)\right] \quad\quad (4-11)$$

式中:S_{a2}为避雷网至保护物的空气中距离(m);h为避雷网支柱的高度(m);l_1为从避雷网中间最低点沿导体至最近支柱的距离(m);n为从避雷网中间最低点沿导体至最近不同支柱并有同一距离l_1的个数。

[例4-1]避雷针、避雷线和避雷网至保护建筑物或金属物体之间的安全距离的计算。

假设被保护物的高度$h_x = 6m$,接地电阻为$R_i = 8\Omega$,避雷装置支柱的高度$h = 10m$。

(1)避雷针。因为$h_x = 6 < 5R_i = 40$,所以其安全距离为$S_{a1} \geq 0.4(R_i + 0.1h_x) = 3.44m > 3m$,此时应取$S_{a1} \geq 3.44m$。

(2)架空避雷线。如果避雷线的水平长度为$l = 40m$,因为$h+l/2 = 30 < 5R_i = 40$,所以其安全距离为$S_{a2} \geq 0.2R_i + 0.03(h+l/2) = 2.5m < 3m$,此时应取$S_{a2} \geq 3m$。

(3)架空避雷网。如果从避雷网中间最低点沿导体到最近支柱的距离$l_1 = 30m$,从避雷网中间最低点沿导体到最近支柱并有同一距离l_1的个数$n = 4$。因为$h+l_1 = 40 = 5R_i$,所以其安全距离为$S_{a2} \geq [0.1R_i+0.12(h+l_1)]/4 = 1.4m < 3m$,此时应取$S_{a2} \geq 3m$。

2) 防雷电感应

建筑物内的设备、管道、构架、钢窗、钢屋架、电缆金属外皮等较大金属物和突出屋面的金属物等容易遭受雷电感应,均应与防雷电感应接地装置连接。金属屋面周边每隔 18~24m,应采用引下线接地。现浇制的或由预制构件组成的钢筋混凝土屋面,其钢筋宜绑扎或焊接成电气闭合回路,并应每隔 18~24m 用引下线接地。被保护建筑物内的金属物接地,是防止静电感应产生火花的有效措施。对金属屋面或钢筋混凝土屋面内的钢筋进行接地,不仅有良好的防雷电感应的作用,而且有一定的屏蔽作用。

当两根间距 300mm 的平行管道,与引下线平行敷设,距离引下线 3m 并与其处于同一平面上。如果将引下线视为无限长,这时在管道环路内的感应电压为

$$U = Ml \frac{\mathrm{d}i}{\mathrm{d}t} \tag{4-12}$$

式中:U 为感应电压(kV);l 为平行管道成环路的长度,取 30m 计算;M 为 1m 长两根间距 300mm 平行管道环路与引下线之间的互感(μH/m),经计算得 $M = 0.0191\mu$H/m。

管道环路内的感应电压可能击穿的气隙距离为

$$d = \frac{U}{E_{\mathrm{L}}} = \frac{Ml \dfrac{\mathrm{d}i}{\mathrm{d}t}}{E_{\mathrm{L}}} \tag{4-13}$$

代入有关数值可计算得 $d = 0.038$m。若间距减到 100mm,所感应的电压则更小了(由于 M 值减小)。

为了防止电磁感应产生火花造成危险,对于建筑物内平行敷设的管道、构架和电缆金属外皮等长金属物,还应采取如下措施:①当其间距小于 100mm 时,应在每隔不大于 30m 处用金属线跨接;②当交叉间距小于 100mm 时,其交叉处也应跨接;③当长金属物连接处(如弯头、阀门、法兰盘等)的过渡电阻大于 0.03Ω 时,连接处应用金属线跨接;④对有不少于 5 根螺栓连接的法兰盘,在非腐蚀的环境下可以不跨接,以保持良好的电气接触。

防雷电感应的接地装置,其工频接地电阻不应大于 10Ω,并宜同电气、电子设备的接地装置共用(电气、电子设备应考虑过电压保护)。此接地装置与独立避雷针、架空避雷线或架空避雷网的接地装置之间的距离,应符合式(4-4)~式(4-6)的要求。室内接地干线与防雷电感应接地装置的连接不应少于两处。要特别强调是,在共用接地装置时,其接地电阻值应满足其中最低电阻值的要求。

3）防雷电波侵入

雷电波侵入建筑物内造成的事故很多，据统计，在低压系统中，这种事故占总雷电事故的70%以上。雷电波侵入屋内可能引起火灾或爆炸，也可能伤及人身。因此，应采取必要的防护措施。

低压线路宜全线采用金属铠装电缆或护套电缆穿钢管直接埋地敷设，并在入户端将电缆的金属外皮、钢管接到防雷电感应的接地装置上。当全线采用电缆有困难时，可采用钢筋混凝土杆铁横担的架空线，并应使用一段金属铠装电缆或护套电缆穿钢管直接埋地引入，其埋地长度应符合下列表达式的要求，但不应小于15m。

$$l \geqslant 2\sqrt{\rho} \qquad (4-14)$$

式中：l 为金属铠装电缆或护套电缆穿钢管埋于地中的长度（m）；ρ 为埋电缆处的土壤电阻率（$\Omega \cdot m$）。

当土壤电阻率过高、所需电缆过长时，可采取换土措施，使 ρ 值降低，以缩短埋地电缆的长度。低压架空线杆距离危险建筑物至少为线杆高度的1.5倍，线杆高以10m计算，因此，埋地电缆长度在满足式（4-14）的情况下还不应小于15m。

在电缆的入户端应将电缆金属外皮、钢管接到防雷电感应的接地装置上；在电缆与架空线连接处，应装设避雷器；避雷器、电缆金属外皮、钢管和绝缘子铁脚、金具等应连在一起接地，其冲击接地电阻不应大于10Ω。

在低压线路采取了换接金属铠装电缆或护套电缆穿钢管埋地引入等措施以后，当雷电波到达电缆首端时，避雷器被击穿，电缆外导体与芯线接通，一部分雷电流经过电缆首端接地电阻入地，一部分雷电流流经电缆。由于雷电流属于高频（通常为数千赫兹），产生集肤效应，流经电缆的电流被排挤到外导体上。此外，流经外导体的电流在芯线中产生感应反电势，从理论上分析，在没有集肤效应下将使流经芯线的电流趋向于零。

架空金属管道在进出建筑物处，应与防雷电感应的接地装置相连；距离建筑物100m以内的管道，还应每隔25m左右接地一次，其冲击接地电阻不应大于10Ω。以上接地宜利用金属支架或钢筋混凝土支架的焊接或绑扎钢筋网作为引下线，钢筋混凝土基础作为接地装置。埋地或地沟内的金属管道，在进出建筑物处也应与防雷电感应的接地装置相连。

根据有关资料记载，我国曾发生过雷击树木引起反击而造成事故的例子，但树木至建筑物的距离均未超过2m。考虑到安全裕度，规定当树木高于被保护建筑物且不在接闪器保护范围之内时，树木至被保护建筑物的距离不应小于 5m。

  2. 第二类防雷建筑物

  1) 防直击雷

在建筑物上装设避雷网(带)或避雷针或由其混合组成的接闪器与避雷网(带),应沿建筑物易遭受雷击的部位敷设。对于第二类防雷建筑物(有燃烧、爆炸危险,但一般情况下电火花不易引起爆炸),实践证明,接闪器、引下线直接设在被保护建筑物上,其防雷作用是可靠的。但为了进一步提高防雷的可靠性,在采用多根避雷针时,避雷针应用避雷带互相连接起来,以便于雷击电流的流散和减小流经引下线的雷电流。

排放易燃易爆气体、蒸气或粉尘的管道,其防雷保护应符合第一类防雷建筑物防直击雷的有关要求。排放无爆炸危险的气体、蒸气或粉尘的金属管道和突出屋面的其他金属物体,应与屋面的防雷装置相连;在屋面接闪器保护范围以外的非金属管道和物体应装接闪器,并与屋面防雷装置相连。

接闪器的引下线不应少于两根,并应沿建筑物四周均匀或对称布置,其间距不应大于 18m。从法拉第笼的观点来看,网格尺寸和引下线间距越小,对雷电感应的屏蔽越好,局部区域电位分布较均匀。雷电流通过引下线入地,当引下线数量较多且间距较小时,雷电流在局部区域的分布也就较均匀,引下线上的电压降减小,产生反击的危险也相应减小。

国际电工委员会防雷标准规定第二类防雷建筑物的引下线间距为 15m。考虑到我国工业建筑物的柱距一般均为 6m,以按 6m 的倍数考虑为宜,因此规定引下线的间距不应大于 18m。

每根引下线的接地装置宜与防雷电感应和电气设备的接地装置共用,宜与埋地金属管道相连。如果不共用、相连时,两者的地中距离应符合式(4-15)的要求,但不应小于 2m。

$$S_{e2} \geq 0.3K_c R_i \qquad (4-15)$$

式中:S_{e2} 为地中距离(m);K_c 为分流系数,单根引下线时,$K_c=1$;两根引下线及接闪器不成闭合环的多根引线时,$K_c=0.66$;接闪器成闭合环或网状的多根引下线时,$K_c=0.44$。

在共用接地装置并与埋地金属管道相连的情况下,接地装置宜围绕建筑物敷设成环形接地体。

由于第二类防雷装置建筑物的防雷装置直接设在建筑物上,要保持防雷装置与各种金属导体之间的安全距离已不可能。因此,只能将屋内的各种金属导体及进出建筑物的各种金属管线进行严格接地,而且所有的接地装置都应共用,并进行多处连接,使防雷装置和邻近金属物体的电位相等或降低其间的电位差,防止发生反击危险。若埋地金属管道不与防雷接地装置相连时,两者之间仍应按上述规定保持一定的安全距离。

在防雷的接地装置与其他接地装置和进出建筑物的金属管道相连的情况下,防雷的接地装置可以不计及接地电阻值,但应符合以下的规定。

(1) 埋设接地体处的土壤电阻率 $\rho \leqslant 3000\Omega \cdot m$。

(2) 环形接地体所包围的面积的等效圆半径不小于5m的情况,环形接地体不需要补加接地体;对等效圆半径小于5m的情况,每一引下线处应补加水平接地体或垂直接地体。

当补加水平接地体时,其长度应按下式确定:

$$l_r = 5 - \sqrt{\frac{A}{\pi}} \tag{4-16}$$

式中:l_r 为补加水平接地体的长度(m);A 为环形接地体所包围的面积(m^2)。

当补加垂直接地体时,其长度应按下式确定:

$$l_v = \frac{1}{2}\left(5 - \sqrt{\frac{A}{\pi}}\right) \tag{4-17}$$

式中:l_v 为补加垂直接地体的长度(m)。

一般情况下,接地电阻越小,防雷效果越好。但由于采用了环形接地体和若干等电位措施,接地电阻大小已不起主要作用。但在环形接地体所包围的面积的平均几何半径等于接地体长度的场合下,当 $\rho = (500 \sim 3000)\Omega \cdot m$ 时,工频接地电阻 $R \approx (13 \sim 33)\Omega$;当 $\rho < 500\Omega \cdot m$ 时,$R = 0.067\rho$。由于环形接地体是靠近建筑物的外墙敷设,在补加水平接地体时,宜从引下线与接地体的连接点向外延伸,可为一根,也可为多根。

建筑物内的金属物或线路与引下线之间的距离,应符合以下要求:

① 金属物或线路与防雷接地装置不相连。

当 $l_x < 5R_i$ 时,

$$S_{a3} \geqslant 0.3K_c(R_i + 0.11l_x) \tag{4-18}$$

当 $l_x \geqslant 5R_i$ 时,

$$S_{a3} \geqslant 0.75K_c(R_i + l_x) \tag{4-19}$$

式中:S_{a3} 为空气中距离(m);l_x 为引下线计算点至地面的长度(m)。

② 金属物或线路与防雷接地装置相连或通过过电压保护器相连。

$$S_{a4} \geqslant 0.75K_c l_x \tag{4-20}$$

式中:S_{a4} 为空气中距离(m)。

当引下线与金属物或线路之间有接地的钢筋混凝土构件、金属板、金属网等静电屏蔽物隔开时,其距离可不受限制;若有混凝土墙、砖墙隔开时,混凝土墙的击穿强度与空气的击穿强度相同,砖墙的击穿强度为空气的击穿强度的1/2。若上述距离不能满足时,金属物或线路应与引下线直接相连,或者通过过电压保护器相连。

在电气接地装置与防雷接地装置共用或相连的情况下,当低压电源用电缆引入时(包括全长电缆或架空线换电缆引入),宜在电源线路引入的总配电箱处装设过电压保护器;当"Y,yn0"型或"D,yn11"型接线的配电变压器设在本建筑物内或附设于外墙时,在高压侧采用电缆进线的情况下,宜在变压器高、低压侧各相上装设避雷器;在高压侧采用架空进线的情况下,除按国家现行有关规定在高压侧装设避雷器之外,还宜在低压侧各相上装设避雷器。

2) 防雷电感应

建筑物内的设备、管道、构架等主要金属物,应就近接到防直击雷接地装置或电气设备的保护接地装置上,可不另设接地装置。建筑物内平行敷设的管道、构架和电缆金属外皮等长金属物应按第一类防雷建筑物防雷电感应的有关要求跨接,但长金属物的连接处可不跨接。建筑物内防雷电感应的接地干线与接地装置的连接不应少于两处。

3) 防雷电波侵入

低压架空线应改换一段埋地长度不小于 $2\sqrt{\rho}$ (m)的金属铠装电缆或护套电缆穿钢管直接埋地引入(ρ 为埋电缆处的土壤电阻率,单位为 $\Omega \cdot m$),但电缆埋地长度不应小于15m;入户端电缆的金属外皮、钢管应与防雷接地装置相连,电缆与架空线连接处应装设避雷器;避雷器、电缆金属处皮、钢管和绝缘子铁脚、金具等应连在一起接地,其冲击接地电阻不应大于10Ω。

年平均雷暴日在 30 日以下地区的建筑物,可将低压架空线直接引入建筑物内,但在入户处应装设避雷器或 2~3mm 的空气间隙,并将其与绝缘子铁脚、金具等连在一起接到防雷接地装置上,其冲击接地电阻不应大于5Ω;在入户端的三基电杆的绝缘子铁脚、金具等也应接地,其冲击接地电阻:靠近建筑物的一基电杆不应大于10Ω,其余两基电杆不应大于20Ω。

架空或直接埋地的金属管道,在进出建筑物处应就近与防雷接地装置相连,对架空管道还应在距建筑物约25m处接地一次,其冲击接地电阻不应大于10Ω。

4.2.3 防雷装置

防雷装置由接闪器、引下线、接地装置、过电压保护器及其他连接导体组成。

1. 接闪器

接闪器是指直接接受雷击的避雷针、避雷带、避雷网以及用作接闪的金属屋面和金属构件等。

弹药作业区内在选用接闪器的材料及其尺寸时,应考虑机械强度和防腐蚀问题,以保证接闪器可靠的运行和延长使用寿命。避雷针宜采用圆钢或焊接钢管制成,其直径应符合表4-15中的规定。

表 4-15　避雷针直径的选择

针长/m	直径/mm	
	圆钢	钢管
<1	≥12	≥20
1~2	≥16	≥25

紧贴建筑物敷设的避雷网和避雷带宜采用圆钢或扁钢,优先采用圆钢。圆钢直径不应小于8mm;扁钢厚度不应小于4mm,截面积不应小于48mm²。架空避雷线和架空避雷网宜采用截面积不小于35mm²的镀锌钢绞线。接闪器表面应热镀锌或涂漆,在腐蚀性较强的场所,还应适当加大其截面积或采取其他防腐措施。

接闪器应由下列的一种或多种组成:① 独立避雷针;② 架空避雷线或架空避雷网;③ 直接装设在建筑物上的避雷针、避雷带或避雷网。接闪器的布置应符合表4-16的要求。在设计接闪器时,可以单独或任意组合地采用表4-16中所列出的滚球法和避雷网。

表 4-16　按建筑物的防雷类别布置接闪器

建筑物防雷类别	滚球半径 h_r/m	避雷网网格尺寸不大于/(m×m)
第一类防雷建筑物	30	5×5 或 6×4
第二类防雷建筑物	45	10×10 或 12×8

表4-16是参考国际电工委员会防雷标准的有关条款,结合我国的具体情况和以往的习惯做法而规定的。表4-16中列出的两种方法是各自独立的,但在同一场合下可以同时出现两种保护方法。例如,在建筑物屋顶上首先采用避雷网保护方法布置完后,有一突出物高出避雷网,保护该突出物的方法之一是采用避雷针并用滚球法确定其是否处于避雷针的保护范围之内,但此时可以将屋面作为地面看待,因为屋顶上已设置了避雷网。又如,屋顶已采用避雷网保

护,为了保护低于建筑物的物体,可把处于避雷网四周的导体当作避雷线看待,用滚球法确定其保护范围是否包含了低处的物体。

滚球法是以 h_r 为半径的一个球体,沿需要防直击雷的部位滚动,当球体只触及接闪器(包括被用作为接闪器的金属物)或只触及接闪器和地面(包括与大地接触并能承受雷击的金属物)而不触及需要保护的部位时,则该部分就得到接闪器的保护。

滚球法是确定接闪器保护范围的一种简化方法,是一种电气几何模型。从大地或其他物体对雷云的向下先导产生一迎面先导的这一距离称为击距 h_r,也就是所称的滚球半径。滚球半径的大小取决于雷电流幅值。雷电流幅值大,滚球半径孔也大;雷电流幅值小,滚球半径也小。根据电气几何模型,首先进入向下先导击距的点就是雷击点,包括平坦大地本身。因此,可以认为向下先导的首端是半径 h_r 球体的中心,此球体与向下先导一起以不确定的轨道接近大地。该球体接触到大地或其他物体的第一点就是雷击点,如图 4-4 所示。

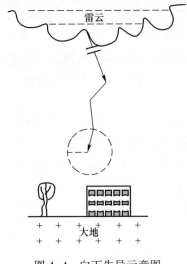

图 4-4　向下先导示意图

美国、英国、德国等国家建筑物防雷法规早在 20 世纪 80 年代起就采用了滚球法。国际电工委员会也推荐采用滚球法。截至目前,该标准在国际上已被普遍认为应用于建筑物防雷上,是一种可被接受的最好方法。为向国际标准接轨,我国在建筑物安全技术规范中也建议采用这种方法。采用滚球法并根据立体几何和平面几何的原理,使用图解法且列出计算公式就可以解算得出各种类型防雷装置的保护范围。

2. 引下线

引下线是连接接闪器和接地装置的金属导体,是雷电流泄放大地的通路。引下线选用的材料及其尺寸,也应考虑机械强度、耐腐蚀性和热稳定性等要求。引下线宜采用圆钢或扁钢,优先采用圆钢。圆钢直径不应小于8mm;扁钢厚度不应小于4mm,截面积不应小于48mm²。架空避雷线和架空避雷网宜采用截面积不小于35mm²的镀锌钢绞线。接闪器表面应热镀锌或涂漆。在腐蚀性较强的场所,还应适当加大其截面积或采取其他防腐措施。

为了减小引下线的电感量,引下线应经最短的路径接地。独立避雷针、架空避雷线和架空避雷网的引下线应沿杆塔或支柱敷设,装在建筑物上的接闪器的引下线应沿建筑物外墙明敷。采用多根引下线时,应在各引下线上于距地面0.3~1.8m处设断接卡,以便于测量接地电阻和检查引下线、接地线的连接状况。在易受机械损坏和需要防止人员接触的场所,对地面下0.3m至地面上1.7m的一段接地线应加保护设施。

3. 接地装置

接地装置是指由接地线和接地体或低压建筑物电力装置接地用的保护线(符号PE)、接地线和接地体构成的装置。其作用是当接闪器遭受雷击时,向大地泄放雷电流,限制防雷装置产生过高的对地电压。因此,接地装置不仅应满足热稳定性和机械强度、耐腐蚀性要求,而且应满足接地电阻的有关要求。

垂直埋设的接地体,宜采用角钢、钢管或圆钢;接地线和水平埋设的接地体,宜采用扁钢或圆钢。圆钢直径不应小于10mm;扁钢厚度不应小于4mm,截面积不应小于100mm²;角钢厚度不应小于4mm;钢管壁厚不应小于3.5mm。在土壤腐蚀性较强的场所,接地体应采取热镀锌等防腐措施或加大截面积。垂直接地体的长度宜为2.5m。为了减小相邻接地体的屏蔽效应,垂直接地体之间和水平接地体之间的距离宜为5m。当受到场地限制时,该距离可适当减小,但一般不应小于垂直接地体的长度。人工接地体在土壤中的埋设深度不应小于0.5m,并应远离由于砖窑、烟道等高温影响而使土壤电阻率升高的地方。

接地体深埋地下接触良导电性土壤,泄放电流的效果好,接地体埋得越深,土壤湿度和温度的变化越小,接地电阻越稳定。但在土壤电阻率均匀分布的情况下,接地体埋得太深时接地电阻的降低并不显著。实际上,在一般情况下,接地体埋深为0.5~0.8m,既能避免接地装置遭受机械损坏,也可减小气候对接地电阻的影响。

埋于土壤中的接地装置的连接应采用焊接,并在焊接处做防腐处理。在土壤电阻率高的地方,为降低接地装置的接地电阻,可采用以下方法:①采用多支线外引接地装置,外引长度不应大于有效长度;②接地体埋于低电阻率的较深土壤中;③采用降阻剂降低土壤电阻率;④更换低电阻率的土壤。

为降低跨步电压,防直击雷的接地体距建筑物出入口和人行道不应小于3m,当小于3m 时应采取下列措施之一:①水平接地体局部深埋不应小于1m;②水平接地体局部包以绝缘物(例如,50~80mm 厚的沥青层);③采用沥青碎石地面或接地体上敷设 50~80mm 厚的沥青层,其宽度应超出接地体 2m。

根据现行国家标准,接地装置工频接地电阻与冲击接地电阻的换算应按下式确定:

$$R_{\sim} = AR_{\mathrm{i}} \qquad (4\text{-}21)$$

式中:$R_{\sim}$ 为接地装置各支线的长度取值小于或等于接地体的有效长度 l_{e} 或有支线大于 l_{e} 而取其等于 l_{e} 时的工频接地电阻(Ω);A 为换算系数,其数值宜按图 4-5 确定;R_{i} 为所要求的接地装置冲击接地电阻(Ω)。

接地体的有效长度按下式确定:

$$l_{\mathrm{e}} = 2\sqrt{\rho} \qquad (4\text{-}22)$$

式中:l_{e} 为接地体的有效长度(m),按图 4-6 计量;ρ 为敷设接地处的土壤电阻率($\Omega \cdot \mathrm{m}$);l 为接地体最长支线的实际长度,其计量与接地体有效长度 l_{e} 类同,当 $l > l_{\mathrm{e}}$ 时,取其等于 l_{e}。

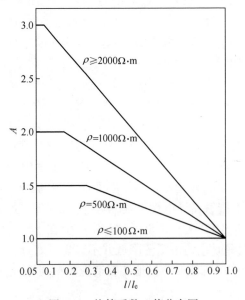

图 4-5 换算系数 A 值分布图

由于电脉冲在大地中的速度是有限的,而且因冲击雷电流的陡度是很高

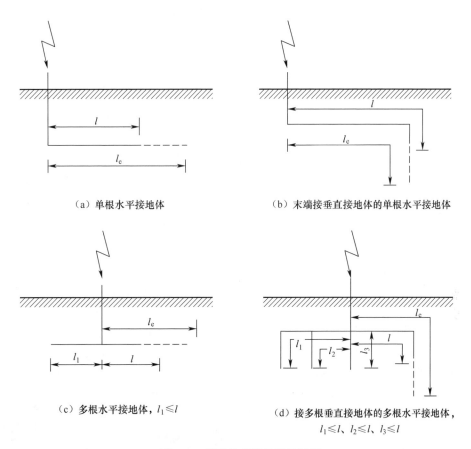

（a）单根水平接地体　　　　　　　　（b）末端接垂直接地体的单根水平接地体

（c）多根水平接地体，$l_1 \leqslant l$　　　　（d）接多根垂直接地体的多根水平接地体，
$l_1 \leqslant l$、$l_2 \leqslant l$、$l_3 \leqslant l$

图 4-6　接地体有效长度的计量

的,一接地装置仅有一定的最大延伸长度就能有效地将冲击电流散流大地,外引接地体的长度超过了该有效长度,超过的部分将不起散流雷电流的作用。当水平接地体敷设于不同土壤电阻率地段时,可分段计算。

[例4-2]外引接地体先经 2000Ω·m、50m 长的地段,后经 1000Ω·m 的地段。先按 2000Ω·m 算出有效长度为 $2 \times 2000^{1/2} = 89.4$m,减去 50m 得 39.4m。但它是敷设在 1000Ω·m 而不是 2000Ω·m 的土壤中,故要按下式换算为 1000Ω·m 条件下的长度,即 $l_1 = l_2 \times \rho_1 / \rho_2$。代入数值得 $l_1 = 39.4 \times (1000/2000)^{1/2} = 27.9$m。因此,有效长度为 50+27.9=77.9m,而不是 89.4m。

当环形接地体周长的一半大于或等于接地体的有效长度 l_e 时,引下线的冲击接地电阻,应为从与该引下线的连接点起沿两侧接地体各取 l_e 长度算出的工频接地电阻(换算系数 A 等于1);当环形接地体周长的一半小于 l_e 时,引下线的冲击接地电阻,应为以接地体的实际长度算出工频接地电阻再除以 A。

4.2.4 防雷装置的维护检查与测量

1. 防雷装置的维护检查

定期检查是防雷装置可靠维护的一种基本手段,必须无延误地修理好所有发现的缺陷,使防雷装置在雷雨季节处于可靠有效的防雷状态。

对防雷装置进行维护检查可以达到以下目的:①认定防雷装置与设计要求一致;②认定防雷装置诸部分处于良好状态,并有能力实现设计上所给予它们的功能,以及没有腐蚀效应;③对任何近期增加的设施或建筑,认定已将新增的防雷装置连到原来的防雷装置上,或者已将原有的防雷装置延伸至新增项目上,并扩展了需要防雷的空间;④在建筑物的施工期间,核查埋入地下接地体的状况。

对防雷装置进行维护检查包括以下内容:①核对所有防雷装置的导体和部件;②核对防雷装置的电气连贯性;③测量接地装置的接地电阻;④核对过电压保护器;⑤固定好诸部件和导体;⑥在建筑物及其装置增加或改变后核对防雷装置的有效性是否降低。

在每年雷雨季节前,至少用目视法检查防雷装置并测量接地电阻。在气候发生严重变化的地区,应经常用目视法检查防雷装置。当建筑物的电力装置由国家有关部门规定做定期检查时,防雷装置也应同时检查。

推荐检查防雷装置的间隔周期如表 4-17 所示。

表 4-17　检查防雷装置的间隔周期

建筑物防雷类别	全面检查的间隔期	重要部件检查的间隔期
第一类	2 年	6 个月
第二类	4 年	12 个月

注:防雷装置的重要部件是指如易于受到重机械应力的部位、过电压保护器、电缆和管道等的等电位连接。

对防雷装置进行目视检查时应确认以下内容:①防雷装置一切良好;②连接处无松动,防雷装置的导体和连接处无意外断开;③防雷装置无由于腐蚀而减弱的部位,特别是靠近地面的部位;④所有接地的连接是完整的;⑤防雷装置的所有导体和部件固定于安装表面,所有提供机械保护的部件是完整的;⑥被保护的建筑物没有因防雷装置的增加而改变的建筑部分;⑦过电压保护器没有损坏;⑧对任何新引入的管线或自上次检查后在建筑物内部增加的管线都做了正确的等电位连接;⑨检查建筑物内现有的等电位连接导体和连接点是完整的;⑩安全距离得到保证。

对防雷装置进行维护检查后要写出维护检查文件,维护检查文件包括以下基本内容:①各种接闪器的一般情况;②腐蚀情况;③防雷装置的导体和各部件固定的可靠度;④接地装置接地电阻的测量结果;⑤任何不符合标准规范之处;⑥防雷装置的所有改变和扩大以及建筑物的相应变化。

防雷装置的维护记录和检查文件应与防雷装置设计及历次档案保存在一起。

2. 防雷装置的测量

在接地装置与防雷装置的其他部分断开后,对接地电阻进行测试,将测试结果与以前测试结果作比较,并考虑土壤条件,当发现测试值实质上(允许有一定的误差)不同于以前在同样测试条件下取得的值时,应研究出现这种情况的原因所在。

1) 工频接地电阻测量

通常采用专用仪器测量接地体的工频接地电阻,这种测量仪器可以对接地电阻进行快速和直接的测量。测量时需要用测量连接电线、一根探针 SO(习惯称为电压极)和一辅助接地体 HE(习惯称为电流极)。图 4-7 是测量布置图。

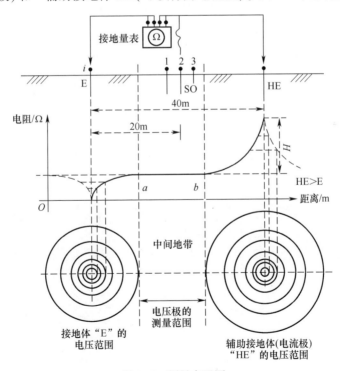

图 4-7　测量布置图

被测接地体和电压极之间,以及电压极和电流极之间的距离必须足够大,以使测量误差不会偏大。在被测接地体是单根垂直接地体的情况下,通常被测接地体和电压极之间的距离约为20m,被测接地体和电流极之间的距离约为40m。

如果在被测接地体和电流极之间的整个范围内将电压极放在不同的位置上测量接地电阻,那么将得到图4-7中的电阻曲线。在电压极处于不同位置上所测出的所有接地电阻中将有被测接地体的准确接地电阻,该值位于电阻曲线水平方向的 a、b 点之间(所谓中间地带)。

通常,大约在测量线 E-SO-HE 的中央 3 个不同的电压极位置上(参见图4-7中的1、2、3点,如各距5m)测量接地电阻。如果 3 个测量值相等或差别不明显,那么存在与图4-7相适应的一个中间地带。如果被测接地体 E 与测量仪器之间的连接电线很长时,仪器的测量值还要减去该连接线的电阻才是被测接地体的准确接地电阻。

在困难的测量条件下接地电阻的测量,如图4-8所示。

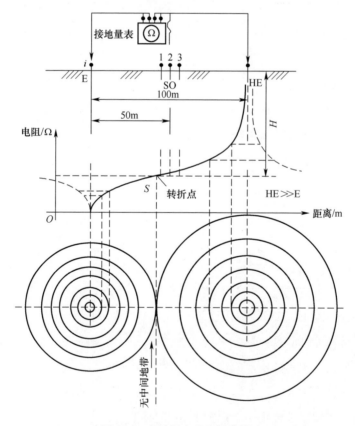

图4-8　有转折点的电阻曲线

有许多测量得不到如图 4-7 中有水平中间地带的电阻曲线,而是得到如图 4-8 中有转折点的电阻曲线,被测接地体的电阻曲线直接过渡到电流极的电阻曲线。其原因首先是被测接地体、电压极和电流极之间的距离太小,电流极的接地电阻比需要测量的接地电阻大很多,或者被测接地体在立体上具有很大的延伸;其次是不规则的地势,如地面太干涸、不相同的地质土层、断层等。这些都可能导致得出难于应用或毫无应用价值的电阻曲线。

如果得到的电阻曲线类似于图 4-8,那么可以增加若干点电压极位置的测量,以便更可靠地去选择转折点并采用由此而得到的电阻作为所测量的接地电阻。相反,如果用这种方法得到的电阻曲线仍不能应用,那么必须做进一步的测量。首先,要明显地加大被测接地体与电压极和电流极之间的距离。表 4-18 给出了测量时的参考距离。此外,还可以采用加湿方法降低电流极的接地电阻。通常,电流极的接地电阻在 100Ω 以下时将得到较好的测量结果。

表 4-18　被测接地体与电压极和电流极之间的距离

被测接地体的形式	被测接地体的主要尺寸 /m		在下列的测量准确度下,从被测接地体中点至电压极和从电压极至电流极的距离		
			90%	95%	99%
圆板形接地体	直径 D	—	3D	6D	30D
半球形接地体		—	5D	10D	50D
环形接地体		$D \approx 10$	3.7D	7D	37D
		$D \approx 50$	2D	3.9D	18D
横向的水平接地体	长度 L	$L \approx 10$	0.6L	1.2L	10L
		$L \approx 500$	1.1L	2.5L	10L
纵向的水平接地体		$L \approx 10$	0.2L	0.7L	10L
		$L \approx 500$	0.7L	0.7L	10L
垂直接地体		—	1L	3L	15L

表 4-18 中的圆板形接地体和半球形接地体是为了易于计算扩展形接地体而设想的接地体,即可将扩展形接地体视作圆板形接地体或半球形接地体。在得不到明显的有规则的电阻曲线的困难地势情况下,将电压极和电流极设在其他的方向或加大距离,在大多数情况下将得到较好的结果。

测量接地网接地电阻的方法如图 4-9(a)所示。电流极与接地网边缘之间

的距离 d_{13}，一般取接地网最大对角线长度 D 的 $4\sim5$ 倍，以使其间的电位分布出现一平缓区段。在一般情况下，电压极到接地网的距离为电流极到接地网的距离的 $50\%\sim60\%$。在测量时，沿接地网和电流极的连线移动 3 次，每次移动的距离为 d_{13} 的 5% 左右，如 3 次测得的电阻值接近即可。如果 d_{13} 取 $(4\sim5)D$ 有困难，在土壤电阻率较均匀的地区，可取 $2D$，d_{12} 取 D；在土壤电阻率不均匀的地区或城区，d_{13} 可取 $3D$，d_{12} 可取 $1.7D$。

电压极、电流极也可采用如图 4-9(b) 的三角形布置方法。一般取 $d_{12}=d_{13}\geqslant2D$，夹角 $\theta\approx30°$。电流极、电压极应布置在与线路或地下金属管道垂直的方向上，避免在雨后立即测量接地电阻。

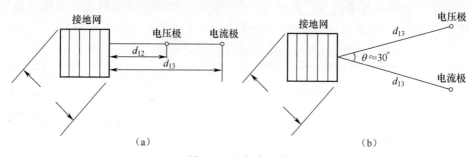

图 4-9　电极布置图

雷季中无雨水时所测得的接地电阻值或土壤电阻率要乘以季节系数进行修正，才是计算防雷用的工频接地电阻或土壤电阻率。

2）土壤电阻率测量

（1）单极法。

如图 4-10 所示，测量土壤电阻率的单极法是指在被测场地打入一单极的垂直接地体，用接地电阻测量仪测量得到该单极接地体的接地电阻值 R，然后由下式得到等效土壤电阻率：

$$\rho=\frac{2\pi hR}{\ln(4h/d)} \tag{4-23}$$

单极接地极的直径 d 应不小于 $0.015\mathrm{m}$，埋没深度 h 应不小于 $1\mathrm{m}$。单极法只适用于土壤电阻率较均匀的场地。

（2）四极法。

利用测量接地电阻的仪器，将 C_1 和 P_1 的跨接板拆开，按图 4-11 的接法连接，则被测处的实测土壤电阻率为

$$\rho = k\pi aR \qquad (4-24)$$

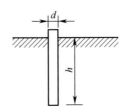

d—单极接地体的直径；h—单极接地体的埋没深度。

图 4-10　单极法测量土壤电阻率的示意图

式中：a 为两电极之间的距离（m）；R 为接地电阻测量仪的测量值（Ω）；k 为系数，如表 4-19 所示。

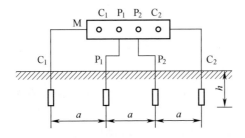

C_1、C_2—测量用的电流极；　M—接地电阻测量仪；
P_1、P_2—测量用的电压极；　h—测量电极的埋没深度；
a—测量电极之间的距离。

图 4-11　四极法测量土壤电阻率的原理接线图

表 4-19　不同 a 值对应的系数 k 值

a 值	$3h$	$4h$	$5h$	$\geq 10h$
k 值	2.3	2.2	2.1	2

所要得到电阻率处的深度为 $2a/3$。

［例 4-3］：如果 $h=0.3\text{m}$，测量值 $R=7\Omega$，求 1m 深处的电阻率。

由 $2a/3=1\text{m}$ 可求得，$a=1.5\text{m}$。

对照表 4-11 可知，$a=5h$，故取 $k=2.1$。

所以，$\rho=k\pi aR=2.1\times\pi\times1.5\times7=69.3$（$\Omega\cdot\text{m}$）。

在实际测量时，建议电极用直径不小于 15mm 的圆钢或 25mm×25mm×4mm 的角钢，其长度不小于 0.4m。4 根电极打在一条直线上。当要装设的接地体为垂直接地体时，可取从地面到垂直接地体中央的距离作为要测量土壤电阻率的深度。

4.3 静电防护

弹药作业区防静电场所的划分,是根据易燃易爆物质对静电能量的敏感程度和因静电电火花放电引起燃烧爆炸事故的可能性及后果的严重程度确定的。根据确定的静电危险场所,对其设施设备等采取相应的防患措施,保证弹药作业环境的安全具有十分重要的意义和作用。

根据防静电场所确定的原则,弹药作业区需要防静电的场所及防静电措施如表 4-20 所示。

表 4-20 防静电的场所及防静电措施

序号	需要防静电的场所	防静电措施
1	脱脂、涂漆工作间及存放易燃溶剂、稀料、涂料的库房,梯恩梯制片与装袋工作间	水泥地面、防静电工作台、机具接地,人员穿防静电鞋袜和工作服、防静电输药带(梯恩梯制片与装袋间)
2	刮修炸药面工作间	防静电胶板地面、防静电工作台、机具接地,人员穿防静电鞋、袜和工作服
3	检测、修理、拆卸带有电点火具的弹药及其零部件的工作间;发射药检选、混同、称量、装袋、捆扎、装药振动及向药筒内装发射药和从药筒内取发射药的工作间;枪弹分解、电引信分解和电雷管处理工作间;电火工品的库房	防静电胶板或其他不发火防静电地面、防静电工作台、机具、容器接地,人员穿防静电鞋、袜和工作服,电引信分解和电雷管处理的人员戴防静电腕带
4	存放发射药、黑火药、烟火药、炸药、火工品和危险品的库房	水泥地面、机具接地、人员穿防静电鞋、袜和工作服
5	除序号 3、4 之外的弹药周转库房	水泥地面、机具接地、人员穿防静电鞋、袜

4.3.1 静电接地

依据静电产生的基本条件,对静电进行安全防护应遵循以下 3 个原则:
(1) 控制静电起电电荷积聚,防止危险静电源的形成。
(2) 使用静电感度低的物质,降低场所危险程度。
(3) 采用综合防护加固技术,阻止静电放电能量耦合。

控制静电起电率或抑制静电的产生可以使静电源难以形成,但是这种方法并非完全有效,有时静电的产生是无法控制的,需要采取其他防护措施,才能有效地控制静电危害。静电接地是形成静电泄漏的方式之一,是各种静电规范、标准中最常用、最基本的防止静电危害的措施。静电接地是指物体通过导电、防静电材料或其制品与大地在电气上可靠连接,确保静电导体与大地的电位接近。

静电接地的目的是通过接地系统尽快泄漏带电物体上的电荷,使静电电位在任何情况下不超过安全界限。在静电接地系统中,涉及接地电阻、静电接地电阻和静电泄漏电阻等概念。

(1)接地电阻。接地电阻 R_e 是指接地体的电阻 R_N 与流散电阻 R_L(泄漏电流从接地体向大地周围流散时土壤所呈现的电阻)之和,即

$$R_e = R_N + R_L \qquad (4-25)$$

(2)静电接地电阻。静电接地电阻 R_S 是指静电接地系统的总电阻,它包括被接地物体(含人体)与接地极之间的接触电阻 R_J、接地线电阻 R_C 和接地电阻 R_e 3 个部分,即

$$R_S = R_J + R_C + R_e \qquad (4-26)$$

(3)静电泄漏电阻。静电泄漏电阻 R_D 是指被研究物体上的观测点与大地之间的总电阻,即电荷从该点泄漏到大地所经过路程上的电阻。它包括静电接地电阻 R_S 和物体上被观测点与接地极之间的电阻 R_m,即

$$R_D = R_S + R_m \qquad (4-27)$$

静电泄漏电阻是评价静电接地良好程度的标准,也是判断带电体上的电荷能否顺畅泄漏的主要依据。静电泄漏电阻的大小主要取决于下述两个条件:一是静电危险场所允许存在的最高静电电位;二是危险场所可能出现的最大静电电流。

在有易燃易爆气体存在的静电危险场所中,一般允许的最大静电电位值即危险电位约为 300V;但在火炸药和电火工品及半导体器件行业,或者最小点火能在 0.1mJ 以下的静电危害场所,其危险电位应降至 100V。另外,在目前的工业水平下,实际生产中静电起电电流的范围为 $10^{-11} \sim 10^{-4}$A。假设取危险电位 $U_k = 100V$、$I_g = 10^{-4}$A(即实际生产中起电电流的最大值),则可得任何情况下带电体的电位都不会超过危险电位的静电泄漏电阻 R_D 的取值范围为

$$R_D \leqslant U_k/I_D = U_k/I_g = 10^6 (\Omega)$$

由式(4-27)可知,静电接地电阻 R_S 要根据 R_D 和 R_m 的大小来确定。对于金属物体的静电接地来说,R_m 很小,可以忽略不计,R_S 与 R_D 近似相等;对于金属以外的静电导体和静电亚导体来说,R_m 和 R_S 相比,一般不能忽略。

在静电接地时,应严格分清上述 3 个电阻的含义。

按照接地方式不同,静电接地分为直接静电接地和间接静电接地两种。

1. 直接静电接地

直接静电接地是通过接地装置将固定式或半固定式的金属设备与大地在电气上可靠连接,使设备的电位与大地电位接近。其方法是将金属机具和容器等,分别用接地装置中的接地线与接地干线相连,然后将接地干线与接地体相连。由于静电泄漏电流很小,一般为微安量级,静电接地装置中的接地线和接地干线的选择,主要考虑机械强度、耐腐蚀性能和便于固定。接地线一般用截面积为 $6mm^2$ 的多股铜线,接地干线可用 24mm×4mm 镀锌扁钢或 $\phi8mm$ 的镀锌圆钢;接地体的要求与防雷接地和电气设备的电气保护接地的接地体要求相同。接地线、接地干线、接地体之间的连接要求确实可靠,故接地体的连接应采用焊接,接至电气设备上的接地线应用螺栓连接。例如,采用搭焊,其搭焊长度必须是扁钢宽度的 2 倍或圆钢直径的 6 倍;采用螺栓紧固连接,应选用镀锌螺栓,其金属接触面应去锈、除油污、加防松螺帽或弹簧垫;被连接的两端为不同材质时,则应按电化序列选用防电化学腐蚀的过渡垫片,以防接触面受到腐蚀。金属设备上应设有专用的接地端子与接地线相连,如图 4-12 所示。

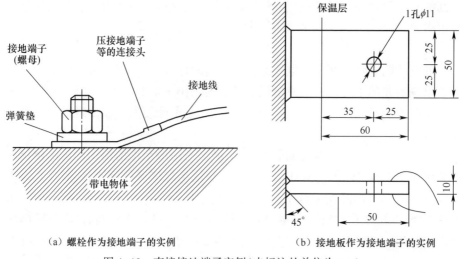

（a）螺栓作为接地端子的实例　　　　（b）接地板作为接地端子的实例

图 4-12　直接接地端子实例(未标注的单位为 mm)

接地装置的静电接地电阻的选择,必须满足静电安全要求的电阻值。为实际工作之便,把金属设备防静电接地装置的接地电阻规定为 $R_e \leqslant 100\Omega$。在实际设置时,为了节约投资,静电接地与防雷接地或电气设备接地可共用接地体。此时,接地装置的接地电阻按后者的要求应为 $R_e \leqslant 10\Omega$。关于以静电接地为目

102

的的接地电阻值,各个国家的标准也不一样,有 10Ω、25Ω、100Ω、1000Ω 和 $10^6\Omega$ 等,但这并不影响静电安全保证。

2. 间接静电接地

间接静电接地是将非金属设备的全部或局部表面同金属紧密结合,即设置金属接地极(图4-13),然后将金属接地极与前述的接地装置连接。为了使金属接地极与非金属表面有良好的接触,两者的接触面积不得小于 $50cm^2$,并在两者接触面之间,应用导电胶液黏结,以保证其间接触电阻不超过 10Ω。由于金属设备本身的电阻很小,设备静电接地的良好程度是用接地装置的静电接地电阻值的大小来评价的;而非金属设备的静电接地良好程度不能用静电接地装置的接地电阻值的大小来评价,而是用静电泄漏电阻。也就是说,在不带电时,设备某一测试点与大地之间的总电阻为评价其接地的良好程度。在静电泄漏电阻小于 $10^6\Omega$ 时,可以很好地防止设备静电带电。静电泄漏电阻为 $10^7\sim10^9\Omega$ 的设备,在产生少量的静电或产生电量大但不是持续的起电,可以防止其危险性带电。间接静电接地是部分或全部通过非金属导电或防静电材料及其制品使物体与大地沟通的。例如,在工作台上操作的弹药和金属工具,通过铺设在台面上的防静电胶板和接地装置进行间接接地。防静电胶板为非金属导电材料,在与接地装置连接时,应按图 4-5 设置接地金属板,其面积不得小于 $50cm^2$,接触电阻不得大于 10Ω。

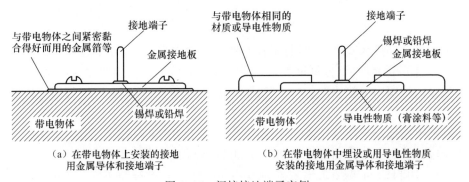

（a）在带电物体上安装的接地
用金属导体和接地端子

（b）在带电物体中埋设或用导电性物质
安装的接地用金属导体和接地端子

图 4-13　间接接地端子实例

间接静电接地还可用活动式金属设备,如搬运机械和在其中有起电率较大且连续不断起电的粉体或小粒炸药或火药的金属设备,采用防静电材料将其与大地连接,以保证机具的大范围活动或避免起电率较大的粉体火炸药和直接接地的器壁之间引起急剧放电的危险。

静电接地是防止静电危害的主要措施之一。在表 4-6 中,需防静电场所的设备、机具、容器等均应采取静电接地措施。固定式的金属设备等应直接静电接地,固定的非金属导体和亚导体设备应采用间接静电接地。对于可移动的设备,应根据不同的情况采取确实可靠的静电接地措施。例如,废弹处理环境使用输送炸药的传送胶带,在与传动轮、托辊和炸药分离过程中产生静电,为使传送胶带确实接地,胶带应为防静电橡胶制品,并通过金属托架接地,接地电阻大小应不超过 $10^6\Omega$。又如,混同间的发射药药箱,在取药或装药过程中,由于发射药是绝缘物质,电阻率较高,往往带电的电位很高,对于这类非固定式的临时性设备,只能采取临时性接地措施。一般来讲,最好不用临时性接地措施,因为存在一个接地时机问题,如对已带电的设备在接地瞬间会发生放电,反而会不安全。所以,对临时性接地应注意以下几点:

(1)接地装置的接地线应为多股胶合裸线,与发射药铁箱连接应采用电池夹头或鲸鱼式夹钳,如图 4-14 所示。

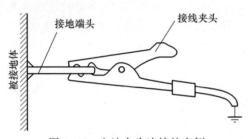

图 4-14　电池夹头连接的实例

(2) 装卸接地线时应做到:①在作业前将地线接好;②在装完箱后须经过 5min 以上的静置时间,方可拆除接地线。这样做就可保证接地确实可靠,并防止接地时机不当引起放电。对于轮式活动设备,如各种搬运机具,可用导电胶轮使机具接地,但导电胶轮和地面电阻之和不得大于 $10^6\Omega$。

静电接地对于静电导体(体电阻率小于等于 $10^5\Omega\cdot m$,或者电阻率小于等于 $10^7\Omega$)设备上的静电荷能起到很好的防患作用;对于静电亚导体(体电阻率为 $10^6\sim10^{10}\Omega\cdot m$,或面电阻率为 $10^7\sim10^{11}\Omega\cdot m$)设备,能防止危险性带电,但由于设备的电阻率较高,泄漏电阻大,在起电率较高时,设备仍可能出现较高的静电电位;对于静电非导体(体电阻率大于等于 $10^{10}\Omega\cdot m$,或者面电阻率大于等于 $10^{11}\Omega\cdot m$)设备,一般是不能防止危险性带电。对于运动的物料和电阻率高的物料,也不起作用。

4.3.2　消除人体静电

人体在干燥季节,最高起电电位可达 60kV 左右,积聚的静电能量可达

100mJ 左右。另外,人体又是静电导体,在形成火花放电时,能量特别集中。因此,带电人体接触电火工品、电发火弹药以及在火工作业时,是引发燃烧、爆炸事故的危险电源之一。据统计,由人体静电造成的火灾爆炸事故占所有的静电事故的15%。因此,消除人体静电是弹药技术处理环境的重要安全技术措施。对于人体静电危害的防护和做法如下:

1. 人体可靠静电接地

根据人体静电积聚与消散的规律,在各种作业和活动中,人体可积聚的最大静电电位为 $U_{max} = IR$。由于在弹药技术处理中一般不去处理非常敏感的起爆药和高灵敏度的电雷管,因此,把100V作为人体处理火炸药和火工品的危险电位。那么与设备静电接地一样,我们也可以用 $R<100/I$ 来定义人体静电接地电阻。对应于人体可能达到的最高起电率 10^{-4} A 数值,把人体对大地的泄漏电阻限制在 $10^6\Omega$ 以下是非常安全的。由于在人的活动和作业过程中,起电率一般很难超过 10^{-6} A,因此一般危险的场合下保证作业人员对地电阻值在 $10^6\Omega$ 以下也是安全的。由于人员的活动范围大,并要进行各种作业,因此,人体静电接地应当既可靠又简便易行。在弹药技术处理环境下,人体静电接地方式有两种:一种是在有静电火灾与爆炸危险的工作场地设置导电地面,作业人员穿防静电鞋袜,使人对大地的泄漏电阻不超过 $10^6\Omega$,有些场合不超过 $10^8\Omega$,保证人体静电通过防静电鞋袜和导电地面泄入大地;另一种是用导静电腕带实现人体静电接地。人体静电接地主要用品和设施是防静电鞋袜、导电地面和导静电腕带。下面对其构造与使用分别进行介绍。

1) 穿防静电鞋(包括袜子和鞋垫)

防静电鞋的外形与普通鞋相同,有解放鞋、网球鞋、皮鞋、凉鞋和棉鞋等各种式样。与普通鞋不同的是鞋底电阻较低,而且电阻较为稳定,受空气湿度影响较小。普通塑料底或胶底鞋,鞋底电阻都在 $10^{15}\Omega$ 以上,使人体与大地绝缘,变为绝缘导体,容易积聚电荷,形成危险静电源。各种防静电鞋底一般是用导电橡胶制成的,导电橡胶中加入了一定数量的导电炭黑,其粒子直径介于10~30μm,均匀地分布在胶体内,这种橡胶经过硫化以后,即它的线型分子变成网状或体型结构以后,结合在橡胶分子链上或分散在橡胶分子网格之间的导电炭黑相互连接,便形成导电通路,使橡胶成为导电橡胶。根据加入炭黑的数量,可以制成不同电阻率的导电橡胶。但也有的防静电鞋的胶底在制作中,不是加导电炭黑,而是加抗静电剂,如加 TM、SN、MPN 等。这些抗静电剂是一种离子型表面活性剂,在它们的分子结构中,含有无极性的疏水基和有极性的亲水基。加入抗静电剂后,使橡胶材料的表面具有吸湿性和离子性,从而降低其表面电阻率,以构成静电泄放通路。防静电鞋鞋底电阻为 $5.0 \times 10^4 \sim 1.0 \times 10^6 \Omega$。鞋底电阻的最大值是按照人体在一般条件下,最大起电率不超过 $10^{-6}A$ 的条件决定的;最小电阻是根据防止人体触电死亡的最大允许电流值决定的。因为人身能通过的最大安全电流为 2.5mA,穿防静电鞋的人员在触及 250V 电源线时,若要不发生死亡危险,其鞋底对地允许的最小阻值应为 $R = U/I = 250V/(2.5 \times 10^{-5}A) = 10^5 \Omega$。所以,防静电鞋一般用于橡胶、化工、印刷、医疗、电子等行业的某些场所,防止因人体带有静电引发火灾与爆炸事故,同时能避免由于 250V 以下电气设备所偶然引起的对人体电击和火灾。另外,还有一种导静电鞋,该鞋优于防静电鞋,但在弹药技术处理区中尚未选用,主要考虑弹药技术处理工作间内均有电气和照明设备。虽然电气设备接地良好,线路均装在接地钢管内,但为了防止漏电发生人身触电的危险,所以表 4-6 中规定在所有属防静电场所作业的人员一律穿防静电鞋袜。

2) 设置不发火防静电地面

在弹药的修理和处废中,对于有大量火炸药的工序,为了防止工件与地面撞击或摩擦产生火花,表 4-6 中规定,检测、修理、拆卸带有电点火具的弹药及其零部件的工作间等地面,应设置为不发火导电地面。目前被推荐使用的不发火导电地面有水泥砂浆地面、水磨石地面、沥青砂浆地面、橡胶板地面、不饱和聚酯树脂地面和聚氨酯地面。不发火导电水泥砂浆地面和不发火导电水磨石地面与普通的水泥砂浆地面和水磨石地面基本相同,所不同的是这类地面使用的骨料为不发火石料,如石灰石、白云石等。这类不发火导电地面的特点是耐压、耐冲击、耐水泡、整体性好,但比较坚硬,易起灰,对要求清洁和怕冲击摩擦的火炸药加工处理工序不适合。

3) 设置防静电橡胶板地面

防静电橡胶板地面是由防静电橡胶板铺贴而成的。目前国内生产的有导电、防静电胶板两种。表 4-6 中规定,刮修炸药面等工作间应铺设防静电胶板地面。防静电胶板地面弹性好,导电性受环境温湿度变化影响小,比导电沥青地面施工简单,适用于旧工作间地面改造、生产线调整和其他临时需要,目前使用者较多。在铺设方法上,大多采用浮铺法。采用这种铺设法时,胶板之间有缝,容易积存粉状或颗粒状火炸药,也不便于清洗,不适用于粉体和小粒火炸药的加工处理和储存环境。在这种环境中使用时,应采用导电胶液或浅色防静电胶液粘贴法铺设。同时,必须可靠地接地,使接地的泄漏电阻达到标准规定的要求。

还有一点必须注意,只有导电地面与防静电鞋配合使用,才能可靠地防止人体静电的危害,否则将起不到应有的作用。表 4-21 给出了穿防静电鞋,在防

106

静电地面上行走、从坐椅起立和脱衣服时人体电位的最大值和相应的人体静电能量。

表4-21 人体静电接地时的静电参数

地面类型		人体电位 /V	人体静电能量 /mJ	人体电容 /pF
蓝色防静电橡胶板 $R_V = 1.9 \times 10^8 \Omega$	水泥地	8	0.013	414
	水磨石地	9	0.012	304
红色防静电橡胶板 $R_V = 1.4 \times 10^8 \Omega$	水泥地	12	0.021	293
	水磨石地	10	0.025	500

从表4-21中列举的数据可以看出,穿防静电鞋在防静电地面上作业,人体带电远低于100V,不会发生静电危害。

4) 戴防静电腕带

人体除上述接地方式之外,表4-20中规定,对引信分解和电雷管坐着作业的人员,由于活动范围很小,还应在手腕上佩戴防静电腕带,并可靠接地,防静电腕带的结构与连接如图4-15所示。实践证明,防静电腕带的接地电阻可以做得很小,可获得很好的防静电效果。

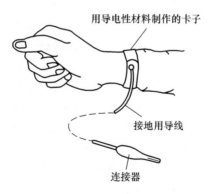

用导电性材料制作的卡子

接地用导线

连接器

图4-15 防静电腕带的结构与连接

2. 穿防静电工作服

人体穿着的衣服,当受到摩擦或压力后,在其表面会立即带上电荷,并同时在人体上感应出同类电荷。如果人体与大地绝缘,那么电荷会在人体上停留一段时间,若具备放电条件,人体上的衣服或从人体刚脱下来的衣服,以及人体与其接触到的物体间即会发生放电。即使在接地的条件下,人体感应电荷虽可消除,但在某些场合下,衣服上的静电仍会保持,还可以形成放电。由于衣服放电可能会引起敏感炸药、敏感电爆装置和可燃溶剂蒸气着火爆炸,因此在处理或存有最小点火能小于 0.2mJ 危险物质的场所,人体防护除了应穿防静电鞋和铺设导电地面,衣服表面电阻率还不能大于 $5 \times 10^{10} \Omega$。可是,一般化纤和人造革衣服面料,表面电阻率均远大于这个数值。棉或亚麻等天然纤维衣料,只有当相对湿度较高,达到 65% 以上,温度约为 20℃ 时,表面电阻率才能符合上述要求,所以,表 4-20 中规定,在刮修炸药面等工作间,为了防止来自衣服上的危险,人体还必须穿着防静电工作服。

防静电工作服是防止人体静电造成危害的一种含有导电纤维或抗静电剂的工作服。防静电工作服有单衣、秋衣和棉衣,与普通服装在款式上没有什么不同,仅在衣料上有较大差别。缝制防静电工作服的布料有以下几种类型:

(1) 不锈钢纤维防静电布,即在天然或合成纤维纺织加工过程中,加入少量不锈钢纤维,织成防静电布。这种布料制成的防静电工作服的特点是可以在人体静电接地的情况下,通过传导和电晕放电消除人体静电,消电效果好,残留电压低,耐洗涤,其消电效果受温湿度条件影响小。

(2) 铜络合纤维防静电布,即在纤维喷丝后经过铜离子络合,使纤维表面镀上一层铜离子络合物,起导电作用。这种防静电布不耐酸碱腐蚀,耐洗涤性较差。

(3) 碳素纤维防静电布,即将导电微粒(一般为导电炭黑)加入纤维原料内,然后喷丝或涂敷在纤维表面上,使纤维具有电晕放电效应。但是,这种防静电布制成工作服,残留电压高。

(4) 使用抗静电剂制成的防静电布,即在纤维表面涂敷或在纤维原料中加入抗静电剂,制成易于吸收空气中水分的防静电布,其缺点是空气干燥时,几乎没有抗静电作用,而且不耐洗涤。近期研制成功的抗静电改性剂达到很好的消静电效果,在干燥环境中仍能保持良好的抗静电性能,其缺点是不耐洗涤。除上述几种防静电布料之外,目前国内外还不断有新型防静电布研制成功,如易防污去污、耐久性防静电布等。

防静电工作服的抗静电性能是以其面料的电阻率或半衰期衡量的,其规定是在温度为 20℃ 和相对湿度为 65% 时,表面电阻率小于 $10^{10} \Omega$,或者半衰时间小于 0.5s。由于防静电工作服面料为静电导体或亚导体,人体和衣服上的静电可通过防静电工作服、导电鞋、导电地面向大地泄漏,即使在人体不接地时,防静电工作服也可将静电向空气泄放。这是因为布面上有很多细微的导电纤维尖端,产生较强的不均匀的静电场,使附近的空气电离发生电晕放电,正负离子中和,达到消除静电的目的。这种消电方式,在衣服中带电电位较高时,表现尤

108

为明显。值得注意的是,防静电工作服必须和防静电鞋、防静电地面配套使用,才能有效地消除人体静电和衣服的静电。

4.3.3 静电检测

1. 检测项目和指标

弹药作业区的静电检测项目和具体指标如下:

1) 静电接地电阻

单独设置的接地装置(如拆卸电引信工作间的金属设备和机器、金属容器等),接地电阻应不大于 100Ω;与防雷电感应或电气保护接地共用的接地装置,其接地电阻不应大于 10Ω。

2) 静电泄漏电阻

用于拆卸电引信的防静电工作台的静电泄漏电阻不应大于 $10^6\Omega$,其余防静电工作台的静电泄漏电阻不应大于 $10^8\Omega$。在拆卸电引信的工作间内铺设的防静电胶板地面,其静电泄漏电阻应为 $10^4 \sim 10^6\Omega$,其余工作间铺设的防静电胶板地面的泄漏电阻应为 $10^4 \sim 10^8\Omega$。

3) 表面电阻率

防静电胶板的表面电阻率应在 $5.0 \times 10^5 \sim 1.0 \times 10^8\Omega$ 范围内,防静电工作服的表面电阻率应不大于 $1.0 \times 10^{10}\Omega$。

4) 防静电鞋的鞋底电阻

防静电鞋的鞋底电阻应在 $5.0 \times 10^4 \sim 1.0 \times 10^8\Omega$ 范围内。

5) 静电电位

人体和设备、机具在工作情况下,对地面最大静电电位值不大于 50V。

2. 静电测试仪器和测量方法

1) 接地电阻的测量

直接静电接地装置的接地电阻测量所使用的仪器和测量方法,与电气设备的接地装置和防雷接地装置接地电阻测量中使用的仪器和测量方法完全相同。测量方法如图 4-16 所示,测量仪器通常使用接地电阻测量仪。接地电阻测量仪有 E、P、C 3 个接线端,测量时分别接于被测接地体、电压极和电流极。摇动摇把,调整旋钮使指针指向零位,即可从刻度盘上读出被测接地电阻值。电压极、电流极与被测接地体三者为直线排列。电压极与被测接地极之间的距离,以及电流极与电压极之间的距离均以 20m 为宜。

2) 泄漏电阻的测量

对导电地面、导电工作台面、实行间接接地的非金属导体设备和用导电轮进行间接接地的搬运机具等,为了检查其防静电接地效果,必须测量其泄漏电

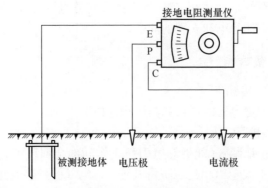

接地电阻测量仪

E
P
C

被测接地体　电压极　　　　电流极

图 4-16　直接静电接地电阻的测量方法

阻。由于间接静电接地的泄漏电阻值一般接近兆欧量级,因此必须使用测量高电阻的仪表。

经过适当的标定后,可直接读出被测泄漏电阻值。改变 R_0 的大小,可改变量程。FSZ-1 型兆欧表的具体结构是由 500V 直流高压电源、标准电阻、放大器和测量仪表等组成的,并配有测量体电阻率和表面电阻率的 3 个电极,以及测量微电流的测量线。测量电压为 500V,电阻量限为 $10^5 \sim 10^{12}\Omega$。

为了测量非金属设备与大地之间的泄漏电阻,必须在非金属设备与大地分别装设适当形式的测量电极。在带电体即设备一方,电极应与非金属物体紧密接触,接触面积不得小于 $20cm^2$,接触压力不得小于 0.5kg。测量电极可用金属箔(铝箔或锡箔)电极、导电橡胶或导电涂料电极,也可用直径为 60mm、质量为 2kg 的黄铜柱形电极。为了与非金属设备紧密接触,电极与设备之间垫一导电海绵或润湿的滤纸。导电地面、导电工作台面,输送胶带等均可用此种电极。对间接接地的金属设备,如搬运机具,测量电极可直接利用设备本身。在大地一方,以接地电阻为 1000Ω 以下的接地体作为测量电极即可。如果带电体很大,可选数点进行测量,以鉴别所得结果的可靠性。导电地面最好将测量点选择在人员工作时的位置处。

由于泄漏电阻受湿度影响较大,因此,测量时环境的相对湿度应为 50% 以下。由于测量电压越高,泄漏电阻越小,以致在不同的电压下,测量得到的电阻略有差别,对于测量结果应标明其测量电压值。由于加电压时,绝缘材料上的电流不是瞬时达到稳定值,因此,应在指示稳定后读取数值,一般加压 1min 后读数。

3) 防静电鞋电阻值和防静电工作服表面电阻率的测量

测量防静电鞋电阻值及防静电工作服表面电阻率值所使用的仪器和方法

与测量泄漏电阻值使用的仪器和方法相同。由于测量对象和项目不同,所用的测量电极和施加的测量电压也有所不同。防静电鞋电阻值测量电极由主电极、对向电极和辅助电极3个电极组成。主电极为黄铜或不锈钢制成的圆柱体,直径为60mm,质量为2kg;对向电极用黄铜、不锈钢或铝板制成,尺寸为32mm×15mm×3mm;辅助电极是使用含水海绵或布,其面积与鞋底面积相同。各电极在测量时连接情况如图4-17所示。测量防静电工作服表面电阻率使用的电极可为三电极(上电极、下电极和环形电极),也可用简易式带形电极。对防静电鞋(电阻为 $0.5×10^5 \sim 1.0×10^8 \Omega$)或绝缘鞋,取测量电压为(500±25)V;对电阻值大于 $5×10^4 \Omega$ 的导电鞋,测量电压为(100±5)V;对电阻值小于 $5×10^4 \Omega$ 的导电鞋,测量电压一般不得低于40V,以保证施加在被测鞋上的电功率不超过3W。

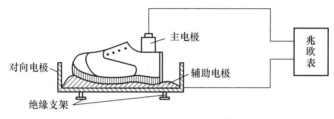

图4-17　各电极在测量时连接情况

4)静电电位的测量

静电电位的测量也即静电电压的测量。测量人体、设备和机具,以及弹药等一切静电导体的静电电位,可以判断全部的防静电措施是否有效;测定绝缘设备和物料(指火炸药)的静电电位可以判断有无放电的危险性。因此,静电电位的测量是静电安全管理的重要数据来源。

使用的测量仪器为ZPD-1型静电电位动态测试仪,其构成如图4-18所示。该仪器采用了"信号自屏蔽-电荷耦合"的静电电位测试原理,解决了高电位、高起电率危险静电源的动态测试问题。

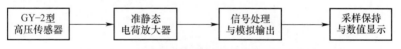

图4-18　ZPD-1型静电电位动态测试仪的构成

GY-2型高压传感器把被测电位信号转换成与其成正比的电荷量,传感器的外电极既是被测信号的输入端,又是耦合信号的屏蔽导体。准静态电荷放大器把 GY-2 型高压传感器的输入电荷量转换为电压信号,经进一步处理后,送到模拟输出口,以便驱动数字存储示波器或 x-t 函数记录仪显示被测带电体的起电放电动态波形。为便于记录测试值,该仪器运用采样保持电路对模拟信号进行了处理,能够把整个测试过程中被测电位信号的最大绝对值(或实时值)送到表头显示,以便确定静态电源的动态特性及其危险性。ZPD-1 型静电电位动态测试仪的输入级的等效电路如图 4-19 所示。

由等效电路不难求出

$$U_0 = - UC_0/C_F \qquad\qquad (4-28)$$

式中:C_0 为高压传感器的输入电容;C_F 为集成运算放大器的反馈电容;U 为被测电位的输出电压;U_0 为运算放大器的输出电压。

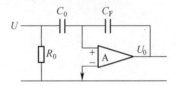

图 4-19　ZPD-1 型静电电位动态测试仪的输入级的等效电路

从式(4-28)中可以看出,ZPD-1 型静电电位动态测试仪的输出信号与被测电位信号成正比,而比例系数与被测信号的频率特性无关,故该仪器可以对随机静电电位信号进行无失真的动态测试。

测量方法是:对于人体和静电导体采用接触式测量方法,将被测对象用导线与仪器的高压接收电极相连,观测人体或设备、机具等做迅速接触分离时的峰值电位。被测对象的动作应选择在各种工作环境下可能发生最大起电率的动作。

对于火炸药等非静电导体,用 ZPD-1 型静电电位动态测试仪配非接触式探头,测量其对地的最大静电电位。具体测量方法参见仪器使用说明书。应注意的是,该仪器对长时间的监测会引起较大的误差,因此不宜用作监测仪表。

除上述方法之外,测量一般电阻、泄漏电阻、表面电阻率、体电阻率还可使用 CS12-014A 型超高电阻及电阻率测试仪,具体测量方法参见该测试仪使用说明书。

4.4　消　　防

4.4.1　弹药作业区预防火灾的基本措施

一切防火措施,都是为了防止燃烧 3 个条件的同时出现并阻止它们相互作用。根据弹药作业区的特点,预防火灾一般都应采取以下措施。

1. 控制可燃物质,防止其燃烧

燃烧物质是燃烧之所以发生的物质基础。在弹药处理作业中,时时刻刻注意限制火药及有机溶剂的存放量,注意限制可燃气体、蒸气或粉尘在空气中的浓度,就可以在很大程度上防止或减少火灾的发生。弹药作业区在工房的修建、改造时,应尽量采用不燃或难燃材料或做必要的耐火处理,提高建筑耐火等级。建筑材料的耐火性能相差较大。例如,同样截面积(20cm×20cm)的构件,木质材料耐火极限为1h,而钢筋混凝土材料的耐火极限为2h。木板和可燃材料上涂刷用水玻璃调剂的无机防火漆,其耐火焰温度可达1200℃。许多可燃物质具有流动性和挥发性,如盛装涂料、溶剂、油料的容器若密闭性不好,则会出现“跑、冒、滴、漏”现象,以致存在火灾隐患。又如作业机床等设备的变速箱若密封不好,就会使润滑油外泄,或者使可燃物质渗入,也可能造成火灾。因此,对盛装可燃物质的容器和有关设备应加强检查与维护。需要特别指出的是,工序上可燃物的存放量和周转量必须符合有关规定,如积存过多,一旦着火,势必造成恶性事故。同时,设备维修时清洗溶剂应限量使用;作业废料应及时妥当处理,不得随意倒入下水道,或者洒向室外,或者长期存放;存放弹药或有机溶剂的库房周围,在一定距离内不得存放木材或其他可燃物。

地处山区或丛林地带的弹药作业区,为防止在干燥季节山火蔓延,可在作业区外围设置防火道。防火道的宽度要适当,太窄起不到防火作用,太宽则不便管理,一般不小于50m。此外,还应根据当地主导季风的风向在迎风面地段及山坡地段适当增加防火道宽度。为切实起到防火作用,防火道不要留有缺口,防火道内不得种有非耐火树种,每年秋冬应及时清理地面的枯叶和杂草。如果作业区条件不足以设置防火道,也可设置防火林带。防火林带由耐燃树种组成,适合我国北方的防火树种有水曲柳、黄菠萝树、柳树、榆树等;适宜南方栽种的则有珊瑚树、大茴香、交让木、冬青、油茶树、木荷等。

2. 控制着火源

由于部分火药既是燃烧物质又是助燃物质,也就是说,可燃物和助燃物同时存在,在燃烧必备的3个条件中已经具备了2个。因此,只要有着火源靠近,它就可以燃烧。由此可知,在弹药作业区火灾的预防措施中,控制着火源是处于何等至关重要的地位。

在弹药技术处理环境条件中,可能产生的着火源类型很多,原因也十分复杂。着火源一般可分为直接着火源和间接着火源。直接着火源包括:① 由于管理不严带入的明火,如火柴、打火机火焰以及香烟火头等;② 电火花,当电路开启或切断和电器熔断器熔断,或者发生电气故障,线路短路等原因产生的电火

113

花;③雷电、雷云对地直接放电形成的放电火花通道。间接火源主要包括:①自燃起火,是指物质在既无明火又无外来热源的条件下,由其自身性质决定的自燃起火,如黄磷常温下能在空气中氧化而引起自燃;②机械火星或静电火花。因此,各类场所应根据实际情况对易产生火源的地点、物资、设备等,有重点地采取有效的技术措施和管理措施,使火源得到切实的控制。

3. 做好消防系统的组织与管理工作

消防系统是由消防组织、消防设施设备和火灾信息管理等组成的有机系统,它是整个安全管理系统中的一个重要的子系统。消防系统的职能,就是在系统的各个要素有机结合的基础上,能有效地发挥系统在火灾预防和扑救工作中的作用。消防系统的组织和管理工作的主要任务有以下几个方面:

(1) 健全消防组织。防火是一项综合性的工作,涉及各个方面。因此,必须有一个健全的消防组织,建立领导负责的逐级消防责任制或岗位责任制,有效地发挥监督、检查和实施消防各项工作的作用。并且使消防人员精通消防业务,熟悉本单位防火设施设备的情况,定期组织人员培训和进行消防检查,做到组织、人员、责任三落实。

(2) 制定消防预案。针对可能发生火灾的库房、作业工房、危险物品数量和灭火方法制定出消防预案,该预案包括:事先规定消防警报和信号;调配人力、物力和灭火器材;做到火灾前有预防措施;火灾时有灭火组织指挥;灭火后有检查总结。

(3) 组织消防训练。消防人员都必须进行严格的消防训练,熟悉消防知识,掌握各种消防灭火器材的使用技能、火灾火警的分析与预报等,熟悉不同物品的不同灭火方法。

(4) 完善消防设施设备建设。消防设施设备是火灾发生后,用以防止火灾蔓延和发展,将火势控制或扑灭于初始阶段的有效手段。它主要包括消防池(水池、沙池)、消防管道、消防水源、消火栓、防火墙、消防车、消防泵、灭火器、消防工具(锹、桶、斧、钩)等。各类消防设备器材必须按照统一标准规定并结合实际加以配套和完善。

4.4.2 消防给水系统

水是使用最为常用的一种灭火剂,单位时间内的消耗量很大。一个单位的消防供水系统的完善与否,直接影响其火灾扑救的效果,特别是对发展型火灾的扑救,供水是否充足,往往决定火灾扑救的成败。据火灾统计资料表明,在有效扑救火灾的案例中,有93%的火场消防给水条件好;而在扑救失利的火灾案例中,有81.5%的火场缺乏消防给水。许多大火失控,造成重大损失和严重后果,大多是消防给水不完善,火场缺水造成的。因此,消防供水设施的建设是消防设施系统的重要组成部分,应力求做到水量充足,输送可靠,布置合理,保证有效地发挥水在火灾扑救中的巨大作用。

1. 消防给水方式

弹药作业区的消防给水,可由给水管道或消防蓄水池供给。至于一个单位采用哪种合适方式供水,应根据当地的实际情况确定。但是,无论采用哪一种给水方式或两种给水方式综合使用,都应确保消防给水可靠。

1)设置给水管网

消防给水管道宜与生产、生活给水管道系统合并。例如,合并不经济或技术上不可靠,可采用独立的消防给水管道。

消防给水管道可采用高压或临时高压给水系统或低压给水系统。无论采用哪种消防给水方式,在消防给水设计时都应满足消防用水要求。

2)消防蓄水池

消防蓄水池是消防用水的储备设施。当消防蓄水池直接作为消防用水的水源时,必须修建消防取水码头、回车场等设施,以保证消防车能靠近水源和在最低水位时能吸上水,并保证在干旱、冰冻季节有足够的水量,确保消防用水的可靠供给。

消防蓄水池的给水应尽量利用山泉、山体渗水、雨后流水等天然水作为蓄水池的水源,或者通过管道由生活区管网供给。在利用天然水源时,应确保枯水期最低水位时的消防用水贮量。

2. 消防用水量

弹药作业区的消防用水总量应为同一时间内一次灭火的室外和室内用水量的总和。

消防用水量=一次灭火用水量×灭火持续时间

1)一次灭火用水量

一次灭火用水量是指同一火灾现场同时使用的水枪数量和每支水枪平均用水量的乘积,也就是火场每秒钟用水的流量,称为一次灭火用水量。一次灭火用水量的规定,既要满足消防区域的基本安全需要,又要考虑环境条件和国民经济的发展水平。我国规定的一次灭火用水量是根据几个大城市数次实际用水量统计而规定的。

弹药作业区的建筑物一次灭火用水量,应按保护区域内最大建筑物体积、发生一次火灾和2h灭火时间计算,如表4-22所示。

表 4-22　建筑物一次灭火用水量

建筑物体积/m³	≤5000	5001~20000	20001~50000	>50000
用水量/(L/s)	20	25	35	45

2）同一时间内火灾次数和灭火持续时间

同一时间内火灾次数是指一定的管辖区域在同一时间、不同地点或不同原因引发的火灾起数。弹药作业区的消防用水量，可按同一时间发生一次火灾计算。

灭火持续时间是指火警后消防车到达火场并开始出水时算起，直至火灾被基本扑灭为止的这一时间段。弹药作业区的火灾情况复杂，灭火时间长，会增加扑救时的危险性，因此灭火持续时间定为2h。

3. 消防给水系统的布置

弹药作业区所处山区居多，地形复杂。消防给水系统的布置应根据建筑物结构、物资特性和火灾特点等因素综合考虑。

1）消防给水网的设置

消防给水管道宜采用环状布置。环状管道的输水干管及向环状管道输水的输水管均以两条为宜。当环状管道布置有困难时，可采用枝状布置，但应采取有效措施保证消防用水的可靠性。通常较可靠的措施是设置水池或水塔，在山区可利用地形设置高位水池。

2）消防给水管道的最小直径

消火栓的消防供水管道的最小直径不小于100mm。因为直径100mm的管道只能供应一辆消防车的两支口径19mm水枪用水，其充实水柱10m，流量为6.5×2=13L/s，管道的流量和消防车的流量基本匹配。所以，消防给水管道的最小直径为100mm。如果在条件许可时，可采用较大直径的管道。

3）消火栓的布置与要求

室外消火栓是室外消防的重要设备，它可以向消防车或机动泵供水，高压消防系统的室外消火栓可直接进行室外消防。室内的消火栓应安装在环状给水管网有利于灭火的地方。

（1）室外消火栓分地上式和地下式两种。我国北方寒冷地区宜采用地下式消火栓，南方温暖地区可采用地上式消火栓。无论选用哪种消火栓都必须按照公安部门统一规定的规格和指定厂家生产的设备购买。为了便于消防车停放和操作，室外消火栓应沿道路两旁设置，尽量靠近十字路口，距路边不大于2m。为了防止工房发生事故时炸坏、埋没室外消火栓和烧伤使用消火栓的消防人员,在有防护围墙的危险工房附近,室外消火栓严禁设在围墙内及对着围墙开口处。

(2)室内消火栓设置在明显、易于取用的壁龛式消防箱内,箱内同时配有水带和水枪。栓口离地面高度为 1.2m,栓口的出水方向宜向下或与设置消防栓的墙面成 90°角,同一建筑物内应采用同一规格的消火栓、水枪和水带,每根水带的长度一般不超过 25m。

4)消火栓间距和保护半径

(1)室外消火栓间距不大于 120m,考虑室外消防用水量一般为 20~25L/s,而一个消火栓出水量为 10~13L/s,实际消防灭火时应有两个消火栓同时动作,是为了保证 150m 半径内任何地方着火时,至少同时处在两个相邻消火栓保护范围内。

消火栓的保护半径规定为 150m,是因为国产消防车水泵的最大供水距离为 180m,在灭火时,水枪手需留有 10m 机动水带。另外,一般水带在地面铺设系数按 0.9 计(考虑地面不平或有障碍物等),这就使得消防车水泵从消火栓取水送往火场的实际供水距离为(180-10)×0.9=153m。所以,将消火栓的保护半径规定为 150m。

(2)室内各消火栓的间距应根据消防用水量确定,一般不超过 30m。室内消火栓的位置应能保证两支水枪有效地充实水柱同时到达室内任何部位。

4. 消防蓄水池的设置

(1)消防蓄水池的保护半径一般不应大于 150m,若不易做到时,应利用消防蓄水池的高位压差设置消防管道和消火栓,以保障消防覆盖面。一次消防用水量超过 1000m³ 时应分设两个以上,但每个消防蓄水池的容量一般不小于 250m³,以便于检修和清池时保证消防用水量的可靠。消防水池应设有便于消防车使用的取水口,并保证消防车的吸水高度不大于 6m;取水口离建筑物的距离不宜小于 15m,以保证消防车取水时不致受到该建筑物火灾的威胁。

(2)消防水池应有补水水源,要尽量利用山泉、山体渗水、雨后流水等自然补水方式,无自然补水条件应采用水泵、水管等方式补水,消防水池的补水时间一般不超过 48h,缺水地区不得超过 96h。

(3)消防蓄水池应有防渗漏措施;寒冷地区宜有防冻措施。

4.4.3 扑灭火灾的基本方法

1. 灭火基本方法

一切灭火方法都是为了迅速控制火势,防止火势蔓延,并最终扑灭火灾。在扑灭火灾的过程中,人们常用隔离法、窒息法、冷却法、抑制法等进行灭火,并研制和生产了各种各样的灭火设备和器材。表4-23是几种常用的灭火方法及其应用举例。

表4-23　几种常用的灭火方法及其应用举例

灭火法	灭火原理	基本方法应用举例
隔离法	使燃烧物与未燃烧物隔离，防止扩大火灾	(1)搬迁未燃物； (2)拆除接近燃烧物的建筑、设备、车厢等； (3)切断燃烧气体、液体的来源； (4)放掉未燃烧的气体； (5)抽走未燃烧的液体； (6)堵截流散的燃烧液体等
窒息法	稀释燃烧区的氧气量，隔绝新鲜空气进入燃烧区	(1)往燃烧物上喷射二氧化碳、氮气、四氯化碳； (2)往燃烧物上喷洒雾状水、泡沫等； (3)往着火的空间充惰性气体； (4)用沙土掩埋燃烧物； (5)用石棉被、湿麻袋捂盖燃烧物； (6)封闭着火的空间
冷却法	将燃烧物的温度降至燃点之下	(1)用密集水流直接喷射燃烧物； (2)往火源附近未燃烧物上淋水； (3)喷射二氧化碳泡沫也兼有冷却作用
抑制法	通过抑制火焰，中断燃烧的连锁反应	往燃烧物上直接喷射灭火剂，覆盖火焰，中断燃烧

2. 灭火剂

能用于灭火的物质统称为灭火剂。灭火剂的种类很多，目前常用的灭火剂有水、泡沫、二氧化碳、四氯化碳、干粉、沙土、卤族灭火剂等。

1）水

水是一种被广泛应用且来源丰富的灭火剂。水受热时能吸收大量的热（2250kJ/kg），有良好的冷却作用，降低被燃烧体的温度，使燃烧停止和延缓。水在灭火时能产生大量的蒸汽（1700L/kg），水蒸气为非燃气体，它能隔绝空气中的氧气，使燃烧逐渐停止。水对火炸药引起的火灾是一种最有效的灭火剂，不仅由于它的冷却作用和窒息作用,而且由于它的吸附能力和潮湿作用使火炸药失去燃烧能力,从而停止燃烧或抑制火情。

但是水对油类、苯类易燃液体引起的火灾不起作用,这是由于这些易燃液体不溶于水,而且密度小于水,用水灭火时,这些液体浮在水表面上继续燃烧。因此,对油类、苯类火灾应用泡沫灭火剂扑灭。对于电气设备、线路的火灾,也不能用水扑灭,因为一般天然水和自来水是导电体(纯水不导电),水不但扑灭不了火灾,而且存在消防人员触电的危险,同时可能使电气设备短路继续扩大事态。对电气火灾应采用四氯化碳灭火剂或干粉 1211 灭火剂。对于遇到水能引起燃烧、爆炸的物质如金属钾、金属钠、铝镁粉、电石等,不能用水灭火,泡沫灭火剂也不能用,应采用干粉、7150 灭火剂、干砂等灭火。

2)泡沫

泡沫分为化学泡沫和空气机械泡沫。泡沫灭火主要原理是泡沫比易燃和可燃液体轻,覆盖在着火的液面上,阻挡易燃或可燃液体的蒸气进入燃烧区,阻止空气与液面接触,防止热量向液面传导,从而使燃烧停止。泡沫是当前扑救易燃和可燃液体火灾最有效、最经济的灭火剂。但因泡沫内含有水分,不能扑救忌水物质和带电物体的火灾。对于酒精、酮和酯等水溶性有机溶剂的火灾,应用抗溶性空气泡沫扑救。泡沫灭火剂有以下 3 种类型。

(1)化学泡沫。化学泡沫是酸性物质(硫酸铝)和碱性物质(碳酸氢钠)与泡沫稳定剂(空气泡沫和甘草汁)相互作用而形成的膜状气泡群。化学泡沫分为单粉和双粉两种,泡沫的密度为 $0.15\sim0.25\mathrm{g/cm^3}$,对扑救油类火灾最有效。单粉化学泡沫可直接使用;而双粉化学泡沫宜于事前混匀后使用。

(2)空气机械泡沫。空气机械泡沫是由一定比例的泡沫液、水和空气经过水流的机械作用相互混合而成的。泡沫液的成分是动物和植物蛋白质类物质,泡沫的密度为 $0.11\sim0.16\mathrm{g/cm^3}$,空气机械泡沫可以有效地扑救易燃和可燃液体的火灾。

(3)氟蛋白泡沫。氟蛋白泡沫是在普通泡沫中添加了一定比例的含氟表面活性剂的异丙醇水溶液。发沫倍数为 $3\sim4$ 倍,抗溶性大于 15min,持久性不小于 60min。这种泡沫具有灭火快、稳定性强、不易变质等特点,可以与干粉同时使用。

3)二氧化碳

通常情况下,二氧化碳是无色无味的惰性气体,密度是 $1.529\mathrm{g/cm^3}$,二氧化碳通常是以液态装在耐压的钢瓶内。液态二氧化碳从钢瓶中喷出气体,其体积扩大 450 倍,同时吸收大量的热,瞬时温度下降到 $-78.5℃$,而凝结成雪花状(俗称干冰)。干冰能够冷却燃烧物质和冲淡燃烧区的含氧量。二氧化碳不导电,不损害物质,不留污迹,因此它适用于扑救电气设备、精密仪器、图书、档案,以及范围不大的油类、气体和其他一些忌水物质的火灾,特别是扑救室内初起火灾最为有效。

4）四氯化碳

通常情况下,四氯化碳是无色透明的惰性液体,沸点为 76.8℃ , 1kg 四氯化碳可气化成 145 L 蒸气,其蒸气的密度为空气的 5.5 倍。当四氯化碳喷射到燃烧的物体表面时,就迅速蒸发为气体,能降低燃烧物体的温度和隔绝空气。更重要的是它有化学灭火效能,可中断燃烧的连续反应,使燃烧停止。四氯化碳不导电,适用于灭电气火灾,但它有毒,因此灭火时应特别小心。

5）固体灭火物质

固体灭火物质一般有干粉、沙土、石粉、碳酸钙、石棉被等。化学干粉主要成分是碳酸钙、硬脂酸铝和添加一些能防止结块的滑石粉、硅藻土、石棉粉等物质。干粉可以用人工来喷洒,也可装入灭火机内以带压力的惰性气体喷射。应用干粉颗粒微细、密集,在燃烧区能隔绝火焰的热辐射,并析出惰性气体,冲淡空气中(燃烧区)氧的含量。另外,干粉还有化学灭火效能,可中断燃烧的连锁反应,使燃烧中止。沙土可用于盖熄小量易燃液体和某些不宜用水扑救的化学物品的燃烧。其他不燃的固体粉尘,如石粉、碳酸钙、碳酸钠等,也可用来扑救初起的小火。石棉被、毯等对于扑救小量易燃液体和固体化学物品的初起火灾也有效果。

6）卤族灭火剂

卤族灭火剂主要指卤族元素氟、氯、溴等原子取代单一碳氢化合物甲烷和乙烷中的一个或数个氢原子而构成某些化合物。在这些卤族灭火剂中,沸点都是较低的,在常温下,一部分是气态;一部分是很容易汽化的液态。它们的特点是灭火效能高、毒性低、腐蚀性极小。卤族灭火剂一般是充氮气形成高压装在钢瓶容器中。

卤族灭火剂主要机理是:因为燃烧是靠活性连锁担体的互相反应而不断继续和扩大的。当卤族灭火剂喷入燃烧区后,受高温作用就产生游离卤基,它们可使火焰中的活性连锁担体"惰性化",使其在燃烧中失去作用,这种"惰性化"反应的速度要比燃烧时产生活性担体的连锁反应速度快得多。这样,它切断了原子团的连锁反应(还有吸附电子的作用),燃烧就迅速停止了。

3. 常见灭火器

表4-24 中列举了一些常用的灭火器的应用范围、使用方法及其保管和检查方法。

120

表 4-24　常用的灭火器的应用范围、使用方法及其保管和检查方法

灭火器	药　剂	应用范围	使用方法	保管和检查方法
泡沫灭火器	碳酸氢钠发泡剂和硫酸铝溶液	适用于油类火灾,忌于水和带电物质火灾	倒过来稍加摇动并打开开关,药剂即喷出	保管: (1)灭火器要放在方便使用的地方; (2)防止喷嘴堵塞; (3)注意使用期限; (4)冬季防止灭火器冻结,应做好保温 检查: (1)泡沫灭火器每年检查3次,泡沫发生倍数为5.5倍,存放期间低于4倍时应换药剂。另一种用密度计检验内外药剂(内药剂为0.3,外药剂为0.1)低于规定应换药剂; (2)酸碱灭火器的检查方法同检查泡沫灭火器的第二种方法; (3)二氧化碳灭火器每月测重一次,如二氧化碳减少10%应充气。 (4)CCl_4灭火器用仪器试验瓶内液体压力,如不足规定压力时应充气
酸性灭火器	碳酸氢钠水溶液和硫酸	适用于木材、棉花、纸张等火灾,忌用于电气、油类火灾	将筒身倒过来,溶液即可喷出	
二氧化碳灭火器	液态二氧化碳	适用于贵重仪器设备、图书、档案火灾,忌用于钾、钠、镁、铝等火灾	一手拿好喇叭筒对准火源,一手打开开关即可	
CCl_4灭火器	CCl_4液体	适用于电气火灾,忌于钾、钠、镁、铝、乙炔、乙烯、二硫化碳火灾	只要打开开关,液体即可喷出	
干粉灭火器	钠活钾盐干粉,以二氧化碳气体作压力	适用于石油及其产品、油漆、有机溶剂和电气设备等火灾	提起圈环开关,干粉即可喷出	应保存在干燥通风处,防止受潮、日晒。每年应抽查一次干粉是否受潮结块;气体每半年称重一次,如减少10%,应换气
1211灭火器	$CBrClF_2$液体	适用于油类、电气设备、精密仪器、二硫化碳及一切有机溶剂的火灾	先拆除铅封,拔掉安全销,用力压下压把,启开阀门(严禁水平倾倒操作)	灭火器储运时,要放置干燥处,防止潮湿,严禁磕碰或乱动,按规定在密封有效期内,每半年检查一次灭火器总重量,如减少量小于总重量的10%时,可继续存放使用

第5章　库存危险品弹药处理

　　显而易见,对于库存危险品弹药,要完成最终的销毁处理,装卸运输是必要的,因为不能在库区实施销毁作业。但作为危险品,运输安全又难以保证。这就面临一个矛盾问题,即如何将危险品弹药安全运输至指定地点进行销毁处理? 这个问题,就是本章需要学习解决的重要内容之一。本章主要介绍库存危险品弹药清查的基本方法和注意事项,库存危险品弹药的常用处理方式和适用条件,库存危险品弹药运输前预先处理的一般方法和注意事项,库存危险品弹药处理方案的主要内容和程序。

　　首先学习库存危险品弹药的清查。

5.1　库存危险品弹药的清查

5.1.1　清查的作用意义

　　做任何工作,摸清底数、掌握实情都是最基本的前提之一,危险品弹药处理也不例外,而且尤为重要。根据 2002 年全军废旧弹药清查后的情况统计,当时的库存废旧弹药普遍存在以下 3 类问题:

　　(1)有物无账,情况不清,来源不明。例如,有的单位存放了个别地方上交的建筑施工中挖出的难以鉴别的遗弃弹药;有的单位由于教学、科研需要,收集了一些战场缴获的外军弹药和老旧弹药,存放了一些分解拆卸后的弹药零、部件。由于品种、数量零散,有的难以鉴别,当时没有及时建账登记,加上时间久远、负责人几经变换,已经无账可查,也无法寻找当事人回忆。

　　(2)品种混杂,包装不一,堆放散乱。有的单位将实弹与模型弹混在一个包装箱内,有的单位将常规弹药与疑似化学弹混装,有的单位甚至将引信分解拆卸后击针外露的发火部件与火帽等火工品在地上一起堆放,等等,真假莫辨,危险品与非危险品难分;弹丸与药筒对不上,不同口径、不同战斗部类别的实弹混装等更为普遍。包装箱五花八门,包装方式混乱;堆码方式各式各样,堆放地点总体上是一个"藏"字(如地下库、废弃洞库等),不管储存环境如何,只求坏

122

人偷不了、上级查不着。

（3）无标签，无标志，难鉴别。由于上述原因，加之长期管理不善，堆垛无标签，包装无标志或有标志但与包装物全然对不上，部分弹药上的标志由于储存环境恶劣（有的经历过地下掩埋或水下浸泡），锈蚀严重，标志无法识别，相当数量弹药的品种、年代和安全状况难以鉴别。

上述弹药按照本书概述中的有关定义，完全具备危险品弹药的资格，维持现状继续混乱储存是肯定不行的，一视同仁进行销毁也没有必要，有的弹药当时还销毁不了。所以，吸取以往事故教训，总部于2001年部署了全军废旧和危险爆炸物品清查整治专项活动，要求彻底清查、认真整改，以便：

（1）尽可能准确地掌握实际情况，为下一步工作提供可靠依据；

（2）改善管理，确保储存安全；

（3）剔除不宜销毁的化学弹药和不必销毁的安全弹药，为下一步的危险品弹药销毁处理创造条件。

5.1.2　清查的主要任务

根据上述情况，不难推出库存危险品弹药清查的主要任务如下：

（1）查清库存危险品弹药的品种、数量和安全状况。

（2）根据品种和安全状况不同，分箱妥善包装，加贴标签。

（3）根据弹药共同储存原则和储存管理要求，分堆存放或分库存放，并登记建账，规范管理。

总部有关文件明确，不追究既往责任，但在清查整治后若再发现上述问题，则须追究责任。

5.1.3　清查的基本方法

根据实践，笔者总结出库存危险品弹药清查的基本方法有"4个相结合"。

（1）查账与查物相结合，查账在先，查物在后。虽然有一部分危险品弹药有物无账，但账目毕竟是基础，并且也有一些危险品弹药是有账的，只是不能完全对得上。因此，应该先调阅本单位的弹药账目，心里有个大致的底数总比一点底数都没有要强。以这个底数为依据，可以相对科学地组织人力和物力进行实物清查。在清查过程中，根据实物情况，补充或修改账目。

（2）查品种数量与查安全状况相结合，依次查品种、数量和安全状况。品种情况主要指生产国别（如美国、日本、苏联、中国等）、口径、战斗部类别（如榴弹、穿甲弹、破甲弹、发烟弹等常规弹药或毒气弹等化学弹）；安全状况主要关心的是是否为化学弹、是否装有火炸药、是否带引信及其引信是否适用于长途运输。因此,清查品种相对容易,确定安全状况相对困难。

一般地,对于混装的弹药,事先要准备若干备用空包装箱和加固用卡板、废纸等耗材及铅封工具。首先根据外形、口径和标志等,将品种和安全状况能够确认的弹药直接包装、点数、铅封、贴标签并记录在册,其他弹药按外形、口径相同或相近的要求分装到不同的包装箱中;然后做进一步的鉴别和分箱放置。依此类推,直至无法鉴别。最后,对无法鉴别的弹药,进行临时性的包装、点数、铅封、贴标签并登记入账,留待专家鉴别。

(3)自查与专家鉴别相结合,自查是基础,专家鉴别是参考。对本单位无法鉴别的弹药,可以邀请或建议上级邀请有关专家协助鉴别。需要说明的是,专家意见只是参考,清查的直接和最终责任都由单位负责。一般情况下,在专家意见比较一致,并且与本单位的事先判断相同,可以接受专家意见;否则,可以另请专家鉴别,也可按本单位或上级的意见办。

(4)清查与整改相结合,边查边改。一般应该事先腾出一定的库容。在清查过程中,边鉴别、查数,边完善包装(如利用卡板、废纸、纸垫等,将弹药卡牢,确保其在弹药箱内不会移动或转动;更换包装箱或将包装箱打上钢带;原则上,箱内弹药或弹药元件的品种和安全状况必须一致)、铅封、贴标签,并记录在册,适时入库、堆码并贴堆签,分别登记在库账和总账上,纳入规范化管理的轨道。

5.1.4 清查的注意事项

(1)安全第一。危险品弹药清查是一项高风险的工作,必须高度重视安全,应该单位领导亲自负责,制订专门方案,选派责任心强、技术水平高的业务骨干参加。清查前,应进行必要的安全教育和业务培训;在清查过程中,应加强管理,严格控制现场,严禁烟火和无关人员进入,确保现场作业有条不紊;搬运应该稳拿轻放,严防弹药失手跌落或受冲击、撞击。

(2)定人限量。清查方案应该明确各项工作的责任人和参与人员,一般不要随意变动,其他人员不要任意介入;在可能的情况下,应该将待鉴别的弹药搬到库外预定的检查场地,适时将鉴别、包装好的弹药入库,避免检查现场弹药存放过多。

(3)"宁枉勿纵"。对于无法鉴别的弹药,应慎重对待,根据"安全第一"的原则,怀疑又弄不清是化学弹的,暂按化学弹对待;怀疑带引信又弄不清的,暂按有引信对待;怀疑为实弹、带炸药又弄不清的,暂按实弹、带炸药对待。总之,宁可提高弹药的危险等级,不可降低危险性。

(4)可靠标识。标识内容准确、字迹清楚、粘贴牢固。为便于后续的管理和处理,必须在包装箱上加贴标签。由于箱内弹药可能存在暂时无法鉴别的情况,标签内容(如弹药名称)不必追求规范,但必须准确反映真实情况,不致使人误解,样式可参考图5-1。同时,填写字迹要清楚,最好打印;粘贴应当牢固,位置应适当(便于看见,不易受到磨损)。

弹药（元件）名称			
包装数量		包装时间	年　月　日
清查单位			（单位印章）

图 5-1　清查弹药包装标签样式

5.2　库存危险品弹药处理的常用方式和适用条件

库存危险品弹药在清查、整治后,一般可以采用上交、就近摘火、就近烧毁或炸毁的方法进行处理。

5.2.1　上交

1. 方法与目的
根据上级要求,上交给指定的弹药仓库或销毁机构,以便减小弹药原存单位的管理和后续的集中销毁处理。

2. 适用对象
品种、数量清楚,满足长途运输安全的弹药或弹药元件,如模型弹、砂弹、不带炸药的穿甲弹弹丸、不带引信的榴弹弹丸、空弹体、空药筒(这两者虽无任何危险,但也不得擅自出售)等。

3. 注意事项
按报废弹药装卸运输的有关规定执行。

5.2.2　就近摘火

1. 方法与目的
根据上级批复的本单位危险品弹药处理方案要求,就近选择合适的场地,对有关弹药开箱取出或分解拆卸后取出(或旋下)配用引信和底火等敏感火工品,以保证弹药后续处理中的装卸运输安全,便于上交和其他后续处理。

2. 适用对象
同时满足下列两个条件的库存危险品弹药,应当进行摘火处理:

（1）存在摘火必要性。确认弹药中装有敏感火工品,不摘除就难以保障装卸运输安全的弹药。

截至目前,已经认定配用箭-2系列引信、破-4系列引信、迫-1甲系列引信和迫-4系列引信的弹药,主要是低膛压非旋弹药,由于引信采用单一后坐惯性保险结构,运输安全性不高,都需要在进行摘火处理后才可长途运输。

（2）存在摘火可行性。从弹药结构上看,可以通过分解拆卸取出或旋下有关敏感火工品,即存在摘火的技术可行性。

一般而言,弹药中装填的炸药和发射药,机械感度较低,能够满足正常装卸运输的安全要求,没有必要在运输前进行倒空处理,但装卸运输过程中必须严格遵守弹药和爆炸品运输安全规定。摘火处理主要针对的是固有安全性不高的引信,有时也包括底火。采用非整装结构的引信,直接从包装箱中取出引信即可;引信整装在弹丸上的弹头引信,利用引信旋卸机或管钳等方式,一般都可以旋下引信(必要时应当钻除引信连接铆点);引信装配在弹丸内部的弹底引信,则必须进行必要的分解拆卸使引信暴露之后,才可以倒出或取出引信。实践表明,除非长期储存导致弹药锈蚀严重等原因,制式弹药都存在摘火的技术可行性,具体工艺略有差别而已。

3. 注意事项

按第2章中弹药分解拆卸的有关规定和要求执行。

5.2.3　就近烧毁

1. 方法与目的

在仓库附近适宜场地,通过烧毁炉烧毁或销毁场烧毁消除库存危险品弹药或其元件的燃烧、爆轰特性。

2. 适用对象

不能确认是否满足或确认不能满足长途运输安全,威力较小,适宜进行烧毁处理的库存危险品弹药或其元件。

1）烧毁炉烧毁

《报废通用弹药处理技术规程》(GJB 5427—2005)规定,下列3类弹药品种适宜进行烧毁炉烧毁。

（1）小威力弹药,如枪弹、信号弹。

（2）弹药元件,如引信、底火、基本药管、电点火管等。

（3）火工品及其部件,如雷管、火帽、引信传爆管、导爆管、曳光管、手榴弹发火件等。

此外,其他在烧毁炉使用说明书规定范围内的弹药品种也可以进行烧毁炉烧毁。

2）野外平地烧毁

《报废通用弹药处理技术规程》(GJB 5427—2005)规定,下列弹药品种适宜进行野外平地烧毁。

（1）裸露的火药、炸药。

（2）弹药元部件,如燃烧炬、弹尾内的基本药管、弹体上的曳光管、药筒上未能击发的底火。

（3）适宜烧毁的弹体内的炸药,如梯恩梯、梯萘等。

3. 注意事项

（1）确保运输安全,必要时应进行运前处理,并采取少量多趟、加装防护沙袋、夜间行驶等适当措施。

（2）品种、数量、状况清楚,防止不适当的混烧。

（3）严格控制一次烧毁数量和品种,严防超出烧毁炉限量和销毁场安全距离限制。

（4）严格控制作业现场人员数量。

5.2.4 就近炸毁

1. 方法与目的

通过爆轰作用消除库存危险品弹药或其元件燃烧、爆轰特性。

2. 适用对象

不能确认是否满足或确认不能满足长途运输安全,数量较少,适宜进行炸毁处理的库存危险品弹药或其元件。

《报废通用弹药处理技术规程》(GJ 5427—2005)规定,下列弹药品种适宜进行销毁场炸毁。

（1）引信或传爆管卸不下来的内装炸药的弹丸。

（2）炸药内装雷管的弹丸。

（3）弹柄被拔断的带有雷管的手榴弹。

（4）其他不适宜拆卸、烧毁的内装炸药的弹药。

3. 注意事项

（1）确保运输安全,必要时应进行运前处理,并采取少量多趟、加装防护沙袋、夜间行驶等适当措施。

（2）品种、数量、状况清楚,确保起爆可靠、炸毁彻底。

（3）严格控制一次炸毁的数量,严防超出销毁场安全距离限制。

（4）严格控制作业现场人员数量。

5.2.5　库存危险品弹药处理与销毁的基本条件

（1）必须具备安全防护条件，如符合要求的设防安全距离、作业区布置，可靠的防雷、防电磁、消防、电气防爆措施等。

（2）必须具有相应的且符合要求的作业机械设备及工具。

（3）必须具有素质合格的作业和管理人员。

（4）必须具有严密的工艺规程或技术方案、安全规则和管理制度。

5.3　危险品弹药运输前预先处理

无论是需要上交处理，还是就近销毁处理，都需要一定距离的运输，也就需要在运输之前进行必要的处理。本节主要介绍数量较大、不宜进行就地销毁同时运输安全性又不能满足要求的库存危险品弹药或弹药元件的运输前处理。

5.3.1　方法与目的

通过必要的分解拆卸、包装改造等技术措施，使库存危险品弹药或其元件满足运输安全性要求。

5.3.2　适用对象

数量较大、不宜进行就地销毁同时运输安全性又不能满足要求的库存危险品弹药或弹药元件，主要适用于必须取出引信后才能保证运输安全的弹药。判断条件如下：

（1）存在运输安全隐患，又不宜继续长期储存。

（2）技术上存在经过分解拆卸、取出引信、改造包装后满足运输安全性要求的可能。

（3）数量较大，大量就近销毁成本过高或风险过大。

① 所配用的引信从设计原理上看，采用蛇形槽结构解决低膛压非旋可靠解除保险与勤务处理安全的矛盾，运输安全不可靠，固有安全性比较低；从实践上看，出现过搬运炸事故。

② 经历过部队携行或在履历与技术状况不清的情况下，运输安全性失去保证。

5.3.3　典型弹药运前处理作业方法

1. 56式与56-1式40火箭筒破甲弹的处理

先将弹尾与战斗部分解开，再将所配装的弹底引信取出。引信取出后，将战斗部与弹尾部旋装在一起,再恢复到原包装箱内;发射药管则可保持原包装状态不变,也可取出以做就地烧毁处理。拆下的引信一般可用机动式烧毁炉进行烧毁处理。战斗部与弹尾部的旋分,一般可以不需要专用工具,徒手即可完成,个别旋卸困难的可借助于简单的夹持和旋卸工具完成旋分作业。

2. 65 式 82 无坐力炮破甲弹(不含第一代)的处理

首先打开包装箱,取出弹药,用单刃刀分别挑断药包绳,取下发射药包;旋下螺盖,取出点火药管。然后,利用专用的 65 式 82 无旋分钳或借助通用台钳、管钳等工具,将弹头与弹尾旋分,再取出引信(第一代 82 无破为弹头引信,不必进行弹体分解即可旋下引信)。引信、发射药包、点火药管取下后,再将弹头与弹尾旋装在一起,并装入原包装箱恢复原卡垫状态。取出引信、发射药包、点火药管后的弹体可做上交处理,引信、发射药包、点火药管应做就地销毁。就地销毁的方法是:引信、点火药管用烧毁炉烧毁,发射药做野外平地烧毁。

3. 迫击炮弹

(1) 在各元件全备整装的情况下,迫击炮弹就地拆分处理一般要经过如下程序:

① 打开外包装箱。

② 打开密封包装筒。

③ 取出弹体。

④ 从弹体上取下附加药包。

⑤ 从弹体上旋下引信。

⑥ 从弹体上取下基本药管。

⑦ 将弹体恢复到原包装状态,使之满足集中销毁处理调运的要求。

⑧ 取下的引信、附加药包、基本药管做就地销毁处理,就地销毁技术方法的选择使用与 40 火箭筒破甲弹及 82 无后坐力炮破甲弹的情况相同。

(2) 在各元件全备合装但非整装的情况下,迫击炮弹就地拆分处理一般要经过如下程序。

① 打开外包装箱。

② 取出装引信的密封包装盒,并进一步将引信从密封包装盒内取出(也可视情不开盒)。

③ 取出装发射药(包含基本药管和附加药包)的密封包装盒,并进一步将基本药管和附加药包从密封包装盒内取出。

④ 若取出引信和发射药的操作使弹体在包装箱内的原来卡垫状态发生变化,则应予以恢复,使弹体满足集中销毁处理调运的要求。

⑤ 取出的引信、附加药包、基本药管做就地销毁处理,就地销毁技术方法的

选择使用与 40 火箭筒破甲弹及 82 无后坐力炮破甲弹的情况相同。

⑥ 由于迫弹发射药的运输安全性容易保证,加之引信的取出不影响发射药的包装状态,因此,元件合装的迫击炮弹的发射药既可以选择就地销毁,也可以选择集中调运销毁。销毁途径的选择可根据各单位的具体情况确定。

4. 注意事项

(1) 对未经部队携行且经检查确认技术安全状况(包装状况、内外标志一致性、弹药的外观质量等)良好的配用上述 4 种引信的其他废旧弹药,虽然可以进行运输,但必须严格遵守报废弹药运输有关规定,逐箱检查以保证。

① 剔除可能摔落过的弹药。

② 装箱内容与标志一致。

③ 内外标志一致。

④ 弹药及其元件在包装箱内装卡牢固。

(2) 稳拿轻放,禁止野蛮作业,严防弹药或其包装箱摔落。

(3) 严格控制现场作业人数。

(4) 确保包装正确、可靠,装箱内容与内外标志一致,弹药及其元件在包装箱内装卡牢固,包装箱强度合格、与车厢无窜动。

5.4　库存危险品弹药的短途运输

由于不允许在库区,更不能在弹药库房内对弹药进行运前处理等技术作业,库存危险品弹药的短途运输总是难以避免的。为保证从库房到作业场地之间的短途运输安全,一般需要采取下列技术与管理措施:

(1) 少量多趟。尽量减少每辆运输车所装弹药,甚至采取单箱运输方式。其要求是:即使所运弹药发生爆炸,其冲击波和破片也至多损坏运输车而不会危害驾驶和带车人员,以及路边人员和建筑物。

(2) 稳拿轻放,减速慢行。在弹药拆垛,装卸过程中,尽可能稳拿轻放,严防弹药失手跌落或受到其他过大冲击与撞击作用。运输过程中尽量减速慢行,严禁紧急刹车或突然启动,避免弹药受到过大后坐力和前冲力作用,也可减小弹药运输过程中受到的上下振动和左右冲击作用。

(3) 优选运输道路和时机,实施道路封控。根据有关规定,包括危险品弹药在内的报废弹药运输,不得穿越城镇等人员密集区。但是,受实际情况限制,如某些单位就驻扎在城镇中心,无法落实这一要求。为此,根据这一要求的本质原理(定员限量),可以采取 3 项措施:一是优选运输道路,尽可能选择人员和建筑最稀疏的运输道路,宁肯绕道运输;二是错峰运输,一般不要在夜间或雾霾天气等能见度较低的时机运输,但可以避开上下班、上下学的人员活动高峰期运输,可以选择能见度尚可的清晨,在上班、上学之前实施运输;三是实施道路封控,协调地方交通管理部门,对运输路段和路口实施警戒等封控,防止无关车辆和行人插入弹药运输车队,减少紧急刹车的需要。

(4)加装防护。为避免意外爆炸伤及驾驶和带车人员,同时减小对路边建筑物和人员的危害,有必要对运输车辆加装防护。最简单的方法,就是利用沙袋的防护作用,在弹药箱与车厢底板之间加垫一层沙袋以减小意外爆炸对车辆的危害;同时,在弹药箱四周和上部,特别是与驾驶楼之间围上或压上若干层沙袋(图5-2),以削弱爆炸危害。

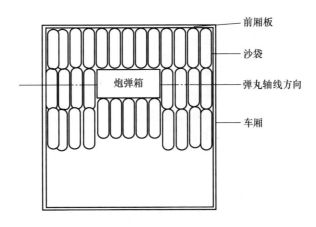

图5-2 运输车加装防护沙袋示意图

5.5 库存危险品弹药处理与销毁方案的制订

5.5.1 制订方案的目的意义

制订方案的目的意义主要有以下两个:
(1)奠定安全圆满处理的第一步。
(2)提供实施处理的基本依据。

5.5.2 方案的主要内容

完整的实施方案,应当涉及下列10项内容:

（1）任务来源。

（2）方案制定的依据。

（3）目标与原则。

（4）组织与分工。

（5）方法与对应弹种（包括弹药名称、数量、质量状况等）。

（6）实施条件（包括主要设施设备、场地、车辆、安全救护、人员、经费需求等）。

（7）实施计划（包括时间进度、任务安排、条件保障等）。

（8）实施要求（主要明确安全注意事项）。

（9）风险分析。

（10）必要的附件（如工艺规程、安全规则等）。

5.5.3 方案制订的基本程序

方案制订的基本程序一般分3步。

（1）本级业务部门制订方案初稿。

（2）本级有关领导审查、修改，经批准后形成方案报批稿。

（3）上级有关部门和领导审查、修改（必要时退回修改），经批准后形成正式方案。

第6章　射击未爆弹处理

除了库存危险品弹药,各种事故、灾害或使用故障也会形成危险品弹药。根据部队弹药工作实际需要,我们选择介绍射击或投掷未爆弹药的处理,目的在于了解射击未爆弹药的性质和处理工作的特点,掌握射击未爆弹处理的基本原则、准备工作、一般方法和注意事项。

首先从射击未爆弹药的产生谈起。

6.1　射击未爆弹的产生

射击未爆弹是指在实弹射击或投掷中产生的未按预定方式发生爆炸作用的弹药或弹药战斗部。不要混淆未爆弹和瞎火弹的概念,未按预定要求发射出膛的弹药称为瞎火弹,不属于射击未爆弹。产生射击未爆弹的直接原因一般都是引信未能可靠作用,具体原因多种多样各不相同,概括起来主要来自4个方面:一是引信固有作用可靠度不够;二是储存环境不良作用;三是目标设置不当;四是使用操作不当。

6.1.1　引信固有作用可靠度不够

引信固有作用可靠度是指引信在交付使用时(即出产时的新品)在规定条件下完成预定功能的概率。由于设计中的认识水平限制,加上生产过程中不可控因素作用,特别是由于弹药作用过程的不可逆,包括引信在内的弹药产品,交付使用前的验收不可能全数检测,只能抽样检测。这就导致即使刚出厂的新品,引信的作用可靠度也不可能达到100%,而是有一个可以接受的下限指标。例如,某引信对均质装甲钢板(法线角为55°)射击时的作用可靠度要求不低于0.97(允许有≤1/30的瞎火率),对中等硬度地面(或可耕地)射击,小落角(射角≤5°)时允许有≤1/15的瞎火率。

6.1.2　储存环境不良作用

由于弹药属于战时需要大量消耗的特殊装备,战前必须长期大量储备。因此,实际使用的弹药及其所配引信,一般都经历过时间不等的储存。受储存中的温、湿度等环境力作用,引信零部件会出现程度不同的性能下降,导致引信作用可靠度在固有可靠度基础上要下降。因此,为保证部队圆满完成训练和作战任务,必须对库存引信进行质量监测,保证引信作用可靠度不低于某个允许值,炮弹一般不低于0.9。由于储存时间越长,引信作用可靠度下降越多;弹药战前训练消耗的原则之一就是用旧存新,目的是尽可能将性能最好的弹药用于战时。需要强调的是,由于大量采用微电子技术和光电元件,如电池、半导体芯片、光敏元件等,这些光电元件较之机械零件更易受到储存温、湿度的影响,属于储存易损件。因此,新型高技术弹药的储存性能目前一般要低于传统弹药,在同样条件下经过同样时间的储存,高技术弹药的作用可靠度一般也要低于传统弹药,更容易产生射击未爆弹。这也是强调新型弹药实弹使用的重要原因。

上述两个原因都是不可避免的客观实际。因此,实弹射击中出现未爆弹虽然属于使用故障,但属于不可避免的正常现象,不能视为事故。也因此,组织实施实弹射击必须事先做好处理未爆弹的各项准备工作。

6.1.3 目标设置不当

弹药都是针对不同战场目标设计的,不同目标对弹药和引信有不同要求,一定的引信只有打到预定目标时才能正常作用。例如,反装甲弹药对付的是钢甲之类的硬目标,如果实弹射击时目标设置为土堆之类的软目标,或者没有命中预设的硬目标而是落在了软目标上,那么由于目标提供的反作用力低于引信发火需要,就有可能出现未爆弹。又如,某型反装甲子母弹,子弹为末敏弹,需要在离地1000m的空中开舱工作,通过探测地面目标的红外信号才能正常作用。某部在一次组织该弹实弹射击时,将报废坦克的发动机熄火后作为预设目标,布置在落弹区,而落弹区比炮阵地海拔高出500m。结果,由于发动机熄火不能产生红外信号,末敏弹工作高度实际只有500m(不足1000m的技术要求),导致末敏弹无目标可探,也来不及探测,出现大量未爆弹。

因此,组织弹药实弹射击和作战使用,必须对弹药结构原理有所了解,或者熟读弹药使用说明书,正确布设目标,科学选择攻击目标,才有可能最大限度地减少射击未爆弹的产生,最大限度地发挥弹药作战效能。

6.1.4 使用操作不当

弹药射击之前一般都要进行技术检查、表面擦拭、发射装药调整、引信整装装定等使用操作步骤,如果这些使用操作方法不当、标准不严,也有可能导致未爆弹产生。例如,弹头引信未按要求摘除引信保护帽,则将由于目标反力无法直接作用于击针从而增加引信失效概率;有些引信未按要求将调节栓板离出厂装定,使引信无法解除保险而失效;有些引信不摘防潮帽,则引信内涡轮机构将由于无法受到空气动力作用而工作进而导致引信失效;等等。又如,无线电近炸引信、电容近炸引信在整装过程中应当特别注意保持引信与弹体形成可靠的电路连接。由于弹体作为引信天线或电路的一部分,引信拧入弹口螺纹处必须接触良好,弹口若有油污杂物,则必须擦拭干净后再与引信结合,否则可能由于电路接触不良而导致失效。因此,正确使用弹药必须了解弹药,掌握使用操作方法和注意事项。

6.2 未爆弹的性质及其处理特点

6.2.1 未爆弹的性质

有人认为,弹药射击后经过了那么大的膛内高温、高压和后坐、旋转作用,又经历了命中和落地时的强烈冲击,都没有发生爆炸,应该是很安全的了。事实不然。根据国际红十字会统计,射击未爆弹已经成为威胁人类生命安全的重大公害之一。在 20 世纪 90 年代初的海湾战争中,美军使用了含有近 1400 万枚子弹的各类子母弹药,按子弹失效率的保守估计数 5% 计,有近 70 万枚子弹遗弃在海湾战区,给当地居民和驻军的安全造成严重威胁。另据报道,美军在"沙漠风暴"行动中,共发生了 94 起未爆弹意外伤害事故,伤 104 人、亡 30 人,至少有 19 名士兵是被未爆炸的集束炸弹炸死的,占海湾战争美军死亡人数的 10%。同时,有上百名当地居民被未爆弹致伤致死。海湾战争结束后,有 2000 多名科威特人受到未爆弹的伤害,其中大部分是儿童。

未爆弹为什么会产生这样的危害? 至少有两个原因:一是从根本上说,未爆弹(一般是指弹丸,也包括手榴弹等)是装有炸药和火工品的特殊物品,具有潜在的爆炸危害;二是带有引信的弹丸没有爆炸,有可能是因为着靶时的目标作用力不够的缘故,引信完全有可能已经解除保险而处于待发状态,这时候,也许只要一个不大却恰当的外力作用,就有可能发火。

因此,射击未爆弹属于危险品弹药。

6.2.2 未爆弹的处理特点

未爆弹的处理具有落点随机、姿态多样、搜寻困难、高度危险等特点。

1. 落点随机

未爆弹特别是射击未爆弹,由于射弹散布因素的作用,其落点具有很大的随机性,落弹区域一般为椭圆形。一般来说,后装炮弹的距离射击中间误差 E_x 可达射程的 1/300,迫击炮弹可达 1/200,按此计算,可知落点散布的范围。例如,130 加底排增程弹距离散布为 1/150,按最大射程 38km 计算,则近弹点与远弹点相距 2.03km($8E_x$)仍然是正常的。加之跳弹射击、空炸射击、子母弹子弹抛散、擦地跳飞等,实际爆炸物落点更难确定,高炮弹甚至出现过弹丸落入房顶、卡在预制板上的现象。

2. 姿态多样

受弹药外形、质量及弹着处地形、地貌、地物、地质的影响,未爆弹弹着后的姿态呈多样性。根据经验和有关资料报道,弹着姿态包括以下几种:

(1)未爆弹裸露在地表面,有的横卧,有的弹头部分插入土层,斜卧于地面。

(2)在地表松软处,未爆弹钻入地表下,入地深度从数十厘米到数米不等。

(3)钻入草丛或其他茂密植被内。

(4)钻入悬崖陡壁,这种情况多发生于直瞄射击时。

(5)悬挂于树枝、树杈上,这是带飘带的子母弹的子弹从空中降落时曾发生过的情况。

(6)沉落于水中,弹着处有水井、水塘、水沟或向江、河、湖、海上的目标射击、投掷时,就有可能使得未爆弹沉落于水中。

3. 搜寻困难

由于未爆弹落点的随机性和散布范围较大,并且大部分的未爆弹不是醒目的暴露在地表面上,使得未爆弹位置确定或搜寻查找相当困难。在我军历史上,曾发生未爆弹搜寻处理不彻底而引发的事故。例如,第 1 章案例【1-10】所述,1979 年 11 月,某部进行某型无坐力炮实弹射击,共发射破甲弹 12 发,出现 3 发未爆弹。射击结束后,该部派出专门人员对未爆弹进行搜寻查找,由于射击场存有积雪,平地积雪厚度约 20cm,凹坑处雪深约 1m,在积雪地带搜查未爆弹十分困难,虽经数小时拉网式的搜寻,但只找到 3 发未爆弹中的 2 发。数日后,遗留在射击场的 1 发未爆弹被当地儿童拣拾玩弄,发生意外爆炸,2 名儿童当场被炸致死。

4. 高度危险

未爆弹,尤其是带引信但引信已经解除保险或状态不明的未爆弹处理是一项安全风险很高的工作,它的危险程度主要取决于未爆弹上的引信或发火件的性能和所处状态。经过射击、投掷的未爆弹引信或发火件,虽未完全、正常的发挥作用,但一般来说,它的勤务保险已经解除,隔离保险机构也可能解除,甚至着发机构的击针已刺入火帽。在这样的情况下,外部的任何再次的震动撞击都有可能使其发火爆炸,一些低膛压、非旋弹药所配单一后坐保险型引信,被触动发火的可能性更大。

因此,射击未爆弹处理必须始终以确保安全为出发点和落脚点。

6.3　未爆弹处理的基本原则

1980年1月,《总参谋部、总后勤部关于正确处理未炸炮弹严防事故的通知》中要求,对未爆弹应进行彻底清查,及时、就地、彻底销毁,不得随意挪动,射击前要通知地方政府,并对人民群众进行安全教育。两个总部的通知明确指出了未爆弹处理的基本原则和方法,是未爆弹处理的指导性文件。

6.3.1　及时

要把未爆弹处理工作作为射击、投掷训练的一部分,事先有方案、有准备,训练中应安排专人负责跟踪监视未爆弹发生情况,并做详细记录,一旦出现射击或投掷未爆弹,不能撤除安全警戒,必须按规定完成处理工作后才能结束训练。

但是,未爆弹处理的"及时"原则,并不等于一旦出现未爆弹就必须立即进行处理。由于某些弹药带有自毁装置或延期作用功能,未爆可能是自毁时间或延期时间未到。因此,出现未爆弹后不应立即进行处理,一般需要等待一定时间后,方可进入落弹区搜索。通常机械引信大于1h,机电引信大于5h,无线电引信大于24h,具体要求以使用说明书为准,并以最后一发弹药完成射击时间为计时起点。

在此等待时间内,应当完成两件事。一是视情叫停后续射击或投掷。如果未爆弹出现过多,说明所用弹药可能存在质量问题,继续射击还会出现更多未爆弹,而后续射击很大可能改变前面射击未爆弹的落点、姿态和状态,从而大大增加整个射击中未爆弹处理的技术难度和安全风险。因此,应当在射击实施之前就确定暂停射击的未爆弹数量,可参照表6-1执行。二是视情调整后续有关行动方案。如果组织步炮协同实弹射击演习,预定方案可能是炮兵完成射击后,步兵通过落弹区域继续前进。如果出现射击未爆弹,那么由于未爆弹可能经过一定延期时间后自动爆炸,也有可能受到外部踩踏或冲击作用而爆炸。而步兵通过落有未爆弹区域过程中难免踩踏或触碰未爆弹,这就给有关人员产生严重安全威胁。因此,出现未爆弹后,应当通知有关人员调整行动路线,绕开未爆弹落弹区域。

表 6-1　未爆弹允许数量上限表

已发射(投掷)数量/发	允许不爆(含半爆)弹数量上限/发	
	手榴弹各式炮弹	照明弹子母弹
0~15	≤0	≤1
16~25	≤1	≤2
26~34	≤2	≤3
35~43	≤3	≤4

由此可见,组织实弹、实爆、实打活动,弹药技术保障人员与作训指挥人员的沟通协调是多么重要。这也说明技术人员懂打仗,指挥人员懂技术,实现技指合一,对部队备战打仗是十分重要的。

6.3.2　就地

在未爆弹的落点原地不动地将其炸毁,不应随意移动运输,更不得运回营地或存入库房。当然,不能机械执行"就地"原则,在特殊情况下,如未爆弹落在居民点、交通道路上,或者落在悬崖峭壁、树枝上等,就地炸毁难以实施,甚至不允许,"就地"原则无法落实。这就需要根据具体情况,灵活采取适当措施对未爆弹进行必要移动,或者在采取必要防护措施的前提下实施就地炸毁。

6.3.3　彻底销毁

将现场发生的未爆弹全部搜查定位,彻底销毁,不留隐患。贯彻这一原则的关键是准确跟踪判断未爆弹发生的数量和落点位置。

6.4　未爆弹处理的准备工作

组织实施实弹射击之前,应当完成下列未爆弹处理的准备工作,主要有以下 4 项:

1. 现场勘察

为落实上述原则,部队在组织进行实弹训练前,必须制订未爆弹处理预案并据此做好有关准备工作。为此,方案制订的具体负责人和其他有关人员,必须亲临预定的射击现场勘察,重点勘察,甚至测量落弹区的地形、地貌,选择点火人员撤离路经、大致距离和掩蔽地点等,绘制草图。必要时,可建议调整目标位置。

2. 预案制订

应该将未爆弹处理预案纳入训练保障方案,同时制订。应根据射击弹种,分析、预计可能的未爆概率。例如,地炮、高炮、迫击炮和火箭炮弹药(不包括子母弹)等,出现未爆弹的概率较低;火箭筒弹、无坐力炮弹等低弹道飞行的弹药和子母弹,出现未爆弹的概率较高;枪弹、穿甲弹等不带引信的弹药,可以不考虑未爆弹问题。同时,分析、估计未爆弹可能出现的不同情况,如钻入地下、水中,战斗部与引信分离等。

上述分析结果和现场勘察情况是制订未爆弹处理预案的基础。预案的内容主要包括以下几项。

(1) 人员分工,如器材准备、掩体构筑、射击观察、处理作业和运输保障等工作的责任单位、责任人、参与人和主要任务。

(2) 物资器材准备清单和要求。

(3) 准备工作进度安排。

(4) 情况想定和实施步骤与要求,如未爆弹出现的可能情况,相关人员的乘车计划,集中和出发的地点、时间,搜寻和销毁等作业方法、安全防护,通信联络约定。必要时,还应当明确停止射击的条件,以及出现未爆弹时的后续行动调整方案。

3. 物资、器材准备

未爆弹处理所需准备的相关物资、器材的准备工作应该与训练保障准备工作同步进行,主要内容如下:

(1) 观察记录器材,如望远镜、未爆弹坐标记录纸(本)等。

注意:未爆弹一般根据弹丸着靶时爆炸产生的声音、烟尘等判断,声音清脆、富有弹性,烟尘发黑者,一般可以认定为爆炸;声音低沉、发闷,烟尘很小或发黄(尘土占多数),则有可能发生未爆、半爆或盲炸(图6-1),一律都按未爆处理。

(2) 搜寻与挖掘工具,包括铁锹、探针(探明地下弹丸的位置)、远距离移动弹丸用弹丸夹具或套具、牵引绳索、防护挡板、盾板等。

(3) 起爆器材和炸药准备,未爆弹处理一般采用火力起爆法,需要准备的器材、炸药包括导火索、拉火管或火柴、雷管、雷管钳、TNT炸药块等,所需数量根据预计可能发生的未爆弹次数确定,适当留有余量。

未爆弹处理一般使用军用8#火焰雷管,一次起爆使用一发,不必并联多发雷管。所用炸药量可以参考表6-2中的数据,按宁多勿少的原则准备。

图 6-1　盲炸示意图

表 6-2　未爆弹炸毁炸药量推荐值

弹药种类	破甲弹	迫击炮弹	中大口径榴弹	厚壁弹丸
TNT 炸药量/g	200		400	

注:第一次炸毁不成功,后续起爆药量加倍。

每次点火所用导火索的长度,按点火人员从起爆点到掩蔽处中速行走,所需时间的两倍截取。应该事先测量点火人员撤到掩蔽处的时间,如 10s,而导火索的燃速一般为 1cm/s,则导火索长度应不小于 20cm。

以上所用导火索、拉火管和雷管,在准备期间就必须进行燃速和发火可靠性等测试和试验,以免发生意外(如误将导爆索当成导火索)或出现起爆不成功等问题。

以上起爆器材和炸药必须指定专人负责保管,安排专门车辆运输,不得与弹药车和人员乘车共用一辆车。在训练过程中,以上起爆器材和炸药若有消耗,则应及时、提前补充。

4. 人员掩体的选择或构筑

当有合适的自然地形、地貌可以利用时,可在适当距离处,选择人员掩体。为防止未爆弹爆炸冲击波危害,人员掩体与炸点之间的实际距离应当大于设防安全距离;为防破片危害,掩体应设有顶盖。根据经验,设防安全距离可按口径的一万倍考虑,即口径毫米数乘以 10,得到安全距离的米数。计算公式为

$$s = 10d$$

式中: s 为设防安全距离(m); d 为未爆弹弹丸口径(mm)。

当无合适的自然地形、地貌可以利用时,应提前构筑人员掩体。此时的设

防安全距离可以根据掩体防护能力适当减小。

在多数情况下，未爆弹炸毁点与人员掩体之间距离较远，点火人员点火后需要乘车撤离。这就需要事先勘察、规划好撤离路线，并对有关道路进行必要的整修。

6.5　未爆弹炸毁处理的一般步骤与注意事项

组织实施未爆弹炸毁处理，一般分为下列 9 个步骤：

1. 现场警戒

当出现未爆弹时，应通知原实弹训练所安排的警戒人员不得撤离，必须坚守岗位，直至完成处理任务后，按信号再行撤离。

2. 未爆弹的搜寻与挖掘

落在地表面的整体未爆弹丸，根据记录的落点位置比较容易搜寻。当有较深杂草或记录不准时，或者弹丸破裂、引信蹦落位置不明时，应以搜寻引信为主要目的，视弹丸或引信可能掉落的地域大小，组织一定的人力，采取拉网搜索的方式。贯彻危险品弹药处理的"最小原则"，一般不组织多排人员同时进行未爆弹搜寻，可以组织多组、单排人员轮番搜寻，每个人员之间的间隔应适当（如 2m），以保证搜寻区域无遗漏。搜寻以肉眼观察为主，也可以用木棍等辅助工具，小心拨开杂草，逐地、逐域地仔细搜寻，尽量不要直接碰触引信。拉网式人工搜寻，可以按照"一看，二找，三挪步"的要领进行，即首先用肉眼在视力范围内仔细观察有无未爆弹或散落的未爆弹元部件；然后用手拨开杂草等遮蔽物，仔细查找有无未爆弹或散落的未爆弹元部件；最后选择确认没有未爆弹或其元部件的地点作为下一步落脚点，再挪动脚步。如此反复，稳步前搜。

对钻入地下、沉入水中的未爆弹，需借助于探针或探雷器，探准未爆弹的准确位置，而后采用"考古式"挖掘方式，小心地将弹体上方的泥土做剥开清理，使弹体外露。对钻入地下的弹丸，由于可能属于盲炸（弹丸装药完全爆轰但未形成炸坑），由于爆轰产物含有 CO、NO 等足以令人窒息的有害气体，在挖掘时，应该从落点处开始，向下风方向先挖一条浅沟以便挖开后的爆轰产物排放；在挖掘过程中，人员应处于落点上风位置。当然，在条件许可的情况下，也可以利用工程挖掘机进行挖掘。

3. 未爆弹的移动

在某些情况下，如未爆弹落点距居民点、交通要道、重要设施太近，不能进行未爆弹的就地炸毁。此时，不得不移动未爆弹。目前，已经有多种型号的排爆机器人和配套的爆炸品运输车（罐）投放市场。在条件允许的情况下，最好利用这些先进手段进行未爆弹的搬运和近距离移运。推荐一种简易方法,即采用绳索牵引、远距离逐段倒运的方法,操作方法步骤如下(图6-2):

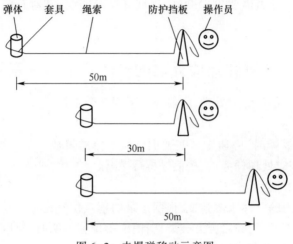

图6-2　未爆弹移动示意图

第一步,将未爆弹套住,连接好牵引绳,将防护挡板放置在距弹体一定距离(弹丸爆炸冲击波对人的杀伤距离加上首次移动距离,如50m)处,操作员位于防护挡板(能够防止破片作用)之后,做好牵引准备。

第二步,操作员牵引弹体,拉动预定的移动距离(如20m)后停止。

第三步,将防护挡板后移一定距离(与下一次预计的移动距离相同),并将卷缩部分的牵引绳伸展到防护挡板后,做好下一阶段牵引移动准备。

依此方法步骤逐段进行,直至未爆弹到达指定位置。

4. 起爆药放置

用土或石块在弹丸或引信两侧堆积一个便于稳定放置起爆药块的平台,位置应该使起爆药块对正引信(无引信时,对正弹体较薄部位),高度以起爆药块贴近而不碰触引信为宜。起爆药放置平台一般依未爆弹姿态顺势做好。钻入地下的弹体,在开挖过程中即可顺势做好安置起爆药的平台,卧于地面上的弹体则应专门取土堆砌。

平台做成后,将事先捆扎好的起爆药块平稳放置其上,如图6-3所示。

5. 火具制作

按第2章弹药炸毁有关动作要领,将雷管与导火索连接好,制成火具。

6. 点火

将火具插入药块雷管孔中,注意动作不仅要轻,还要插到底。然后检查现场有无遗漏器材(有的话,将其转移到附近适当位置)和火具连接是否牢固,观

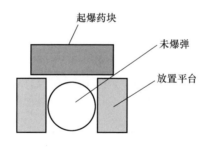

图 6-3　起爆药放置示意图

察撤离道路情况。确认正常后,向现场指挥员报告情况,请示是否点火。指挥员下达点火命令后,点火员按动作要领实施点火,冷静观察、确认点火成功后,以中等速度、按预定路径,中速慢行撤入掩体,切勿慌张,不要快跑,以免摔倒、跌跟头。

7. 炸坑检查

起爆成功后,有关人员应对炸坑进行检查,着重检查弹丸,特别是引信的炸毁彻底情况。引信或弹丸基本完好,表明炸毁不成功,必须按上述有关步骤和要求,起爆药量加倍,重新实施炸毁。确认炸毁成功后,转入下一步。

8. 剩余爆炸物品的处理

实弹训练的最后一天,若预先准备的雷管、炸药等没有用完或没有使用,一般应予销毁,不再重新入库。其销毁处理方法不再介绍。

9. 撤除警戒

炸毁成功、剩余爆炸物品销毁完毕后,可以通知警戒撤回。同时,收拾、整理有关器材,准备装车,撤回营地。

第7章　危险品弹药处理案例

本章以某装备仓库受山体滑坡灾害影响,部分库房垮塌、部分库内弹药被埋压受损,急需进行险情和弹药处置为背景,再现这一突发涉弹事件的处置过程,包括险情研判、风险分析与防范、处置方案和预案等,期望以这种近似实战的方式,提高本课程所学理论知识的运用能力,加深对有关内容的理解。

7.1　背景介绍与任务要求

7.1.1　背景介绍

由于一段时间以来连降大雨,2016 年 8 月 30 日凌晨 1 时许,某装备仓库发生山体滑坡,致使个别库房损毁、部分弹药被埋压和受损,急需处置。该装备仓库受损区域滑坡前全景图如图 7-1 所示。

图 7-1　该装备仓库受损区域滑坡前全景图

图片东北角的山脚下是该库储存区,滑坡发生在北侧山体,受到滑坡泥石流作用的有两座库房:一是该侧山体东端的炮弹库房(6 号库);二是西端的枪弹库房(3 号库)。

1. 山体滑坡的总体情况

经询问和调看监控视频及事后入库现场察看,得知:2016 年 8 月 30 日凌晨 1 时 14 分 20 秒,仓库警卫执勤哨兵对库区进行例行巡逻,1 时 15 分 11 秒巡至 3 号库至 5 号库(紧邻并位于 6 号库南面)消防间位置时,听到技术区北侧护坡有异常响动并伴有零星碎土掉落,该哨兵用手电查看后判断有塌方可能,于 1 时 15 分 24 秒快速向南侧空地撤离,1 时 15 分 43 秒山体大面积滑坡。

经现场勘察,垮塌宽度约 100m,高度约 59m,土方量约 13000m³;混凝土护坡基本冲毁,顶部尚有部分水泥喷浆护面悬空,如图 7-2 所示。

图 7-2　山体滑坡区全貌

山体滑坡造成 3 号库(枪弹库房)、6 号库(炮弹库房)库房后墙体坍塌,库房顶部部分被埋压。3 号库内东侧部分枪弹堆垛倒塌,6 号库铁门被泥石流涌入气浪直接冲开,库内炮弹堆垛倒塌比较严重。两座库房整体结构基本完好,并未倒塌;但两座库房外围高压脉冲电网和库内监控等安防设备严重受损,人员无伤亡,未发现弹药爆炸或流失问题。

2. 库房与弹药的受损情况

滑坡造成 3 号库、6 号库两座地面库库房(均为混凝土框架砖墙结构)严重受损,库内部分弹药塌垛摔箱、埋压、包装破损等不同程度的损毁。

3 号库(枪弹库)北墙东端约 1/2 坍塌,东墙破损被泥土掩埋,南墙东端轻度受损,屋顶东北角破损下沉,西半部基本完好,如图 7-3 和图 7-4 所示。

图7-3 枪弹库压埋外景

图7-4 枪弹库东北角受损

枪弹库共存放枪弹×种、××××箱。经调看监控视频和入库勘察发现,库内西侧弹药堆垛完整,包装箱完好;东侧弹药堆垛受冲击发生倒塌、位移和弹药箱跌落现象,个别包装箱损坏。由于库房整体结构相对完好,库内枪弹除部分连同包装箱被墙体、泥土埋压及从堆垛上摔落之外,包装箱破坏情况极少,未发现包装盒破损和弹药散落等严重情况,可以判断基本没有枪弹受到结构性破坏。

6号库(炮弹库)北墙体向库内倒塌,滑坡泥土涌入库内,填充一半库容,北墙中间立柱严重弯曲变形,库顶整体南移,框架结构松动,破裂北墙墙体南移至库房中间位置并埋压在弹药垛上方,库门被整体推开与库墙分离,南墙出现横向裂缝,东墙出现纵向裂缝,如图7-5所示。

图7-5 炮弹库压埋正面外景

炮弹库存放无坐力炮破甲弹和迫击炮杀伤弹共3种×××箱。无坐力炮破甲弹采用木质外包装箱和玻璃钢内包装筒,引信整装在战斗部底部。迫击炮杀伤弹采用木质外包装箱和铝塑内包装袋,引信与弹丸分装,独立装在一个高压聚乙烯塑料盒内。3种弹药的结构和作用原理将在后文详细介绍。

经调看监控视频和入库勘察发现,库内弹药堆垛整体向南前推移动,致使弹药箱之间相撞、倒垛、摔落、压砸、挤压等现象严重,如图7-6所示。

图7-6　炮弹库内门口倒塌堆垛

库内弹药受到不同程度的损毁,包括连同包装箱从堆垛上摔落、连同包装箱被墙体和泥土埋压(图7-7)、有的包装箱破损但包装筒完好、有的包装筒破损但弹药完好(图7-8)、有的包装筒破损且弹药损坏(图7-9),未发现散落解体弹药,也未发现弹药发火和爆炸痕迹。

图7-7　埋压弹药

3. 弹药的结构组成与作用原理

掌握有关弹药的结构组成和作用原理,是危险品弹药处理的重要前提之一。本书不对有关弹药的结构与原理展开细述,仅就有关情况进行重点阐释。灾害涉及炮弹主要有某型无破甲弹和某型杀伤弹两种。

1) 某型无破甲弹

从危险品弹药处理角度,该破甲弹的结构组成和作用原理具有下列5个

图 7-8　包装筒破损但弹药完好

图 7-9　包装筒破损且弹药损坏

特点：

（1）所配备的引信解除保险条件要求较高。该引信直线解除保险系数不小于 6000，即需要有 6000 倍重力加速度以上的后坐作用，引信才可能解除保险。

（2）引信解除保险与增程火箭发动机点火具工作条件相同。该弹属于火箭增程弹，带有增程火箭发动机，发动机靠点火具点火，点火具靠击针后坐点燃。点火具工作所需后坐加速度与引信解除保险所需后坐加速度相同；否则，引信解除保险与发动机点火不同步，引信可靠作用与直射距离不能同时达到要求，整个弹药是不合格的。因此，引信解除保险意味着增程发动机一定工作；反过来，如果不考虑发动机故障，那么发动机没有工作就意味着引信不能解除保险。

（3）引信发火条件要求较高。由于该弹属于反装甲直射弹药，弹道低伸平直，为防止弹丸飞行过程中碰撞杂草等软目标发火，引信灵敏度比较低，在解除保险的前提下，需要弹丸以 200m/s 以上速度撞击钢靶才能可靠发火。而在一

148

般勤务条件下,除非有意而为,很难达到这个条件。

(4)解除保险的引信在静电作用下可能发火。引信靠弹丸碰击目标产生的电流引爆电雷管而发火。因此,如果引信解除保险,或者引信破碎至电雷管外露,那么在外界杂散电流(如静电)作用下,即使没有受到冲击作用,引信也有可能发火。

(5)存在整体殉爆可能。实践证明,弹体很薄又装填高猛度炸药的薄壁弹,采用紧密摆放一箱多发,一堆(车)多箱堆码时。一发弹药爆炸往往殉爆整箱弹药,进而殉爆整堆或整车弹药。因此,对这类薄壁弹,防殉爆很困难。

2)某型杀伤弹

该弹值得关注的结构性能特点有 3 个:

(1)引信需要人工作用才能解除保险。该弹引信结构特殊,设有调节栓,只有人工转动调节栓将其扳离出厂装定,引信才有可能解除保险。除此之外,其他外力不可能解除引信保险。

(2)引信与弹丸非整装。平时,弹丸与发射装药封装在铝塑袋中,引信单独封装在高压聚乙烯塑料盒内。由于引信爆炸威力较小,即使引信意外发火,也不可能引爆弹丸,也难以引燃发射装药。

(3)一般不会发生整体殉爆。由于弹丸装药威力较小而弹丸壁厚较大,即使单发弹丸爆炸也难以殉爆整箱弹药,更难以殉爆整堆(车)弹药。

7.1.2 任务要求

根据上述背景情况,依据上级机关弹药助理员职责,分析解决下列 3 个问题。

(1)应急反应。作为上级机关的弹药助理员,接到仓库突发事件的电话报告时,如何接这个电话?应当优先查询哪些事项?应当指示仓库立即采取哪些应急处置措施?自己应当采取哪些跟进措施?请读者以上级机关弹药主管人员的身份,将上述内容以应急预案的形式,结合你所管弹药工作实际,研读并参考有关预案范本,代本部门草拟一份《突发涉弹事件应急处置预案》。

(2)险情研判。围绕人员和弹药安全,以埋压受损弹药为中心,按照由外及里、由远及近的顺序,分析排查本次突发事件的危险因素,提出风险防范的措施要求;分析判断上述受到不同程度危害甚至埋压弹药的安全状况,提出相关弹药的处理建议。

(3)险情及弹药处置。在突发事件态势基本稳定、安全风险基本受控的情况下,在前期应急处置的基础上,以埋压受损弹药为重点,分析提出有关弹药和险情的处理措施与要求。

7.2　应急处置措施

根据上述背景情况和有关规定要求,事故发生单位及其上级业务主管部门一般应当采取下列应急处置措施:

(1) 自救互救。涉弹突发事件(注意,这是一起自然灾害引发的涉弹突发事件,不是事故)发生后,事故发生单位首先应当及时启动有关预案,根据预案要求出动救护力量,及时组织人员抢救救护、灭火消防等自救互救,必要时组织人员疏散。由于本次事件并未发生人员伤亡和弹药爆炸及火灾等情况,因此只需要通知储存区人员迅速撤离即可。

(2) 及时报告。在自救互救的同时,事故发生单位及其上级主管部门应当以电话形式(稍后以初次报告的书面形式)及时择重简略报告上级直至军种或军委业务主管部门,主要报告初步掌握的事发经过、人员伤亡、装备财产受损和已经采取的措施等情况,提出下一步工作计划建议。

(3) 现场封控。鉴于库区部分安防设施受损、个别库房门墙破坏,不能排除继续发生滑坡的可能,甚至不能排除发生后续弹药爆炸的可能,因此,有必要对滑坡现场及其附近适当范围进行封控,控制人员进出。方法和目的有 3 个:一是撤离不必要在场人员、避免无关人员进入,防止泥石流等次生灾害危害人员;二是加强进出人员检查,防止弹药流失;三是保护现场,便于后续灾害原因调查。

(4) 着手善后。应急处置期间,上级机关应当视情派出负责人员(必要时邀请有关专家)赶赴现场,以核查受灾情况,加强应急处置的领导指挥,协调解决重大困难问题,着手准备善后工作。

7.3　险情研判与风险防范

7.3.1　弹药自身的风险及防范措施

1. 枪弹

基本不存在燃爆可能,但存在丢失、遗漏风险,通过强化数量核对和作业现场清查,加强作业区出入人员检查,可以得到有效控制。

2. 迫击炮弹

弹丸 TNT 装药和发射药储存安全性较好,机械感度较低;所配引信处于出厂装定状态,除非人工作用不能解除保险。

（1）受损情况。弹药堆垛整体完好，但发生局部前移而与6号库南墙处于挤压状态，未发现塌垛、掉箱和包装箱损坏等情况。因此，可以排除该弹引信解除保险的可能。考虑到引信在包装箱内与弹丸分开固定放置，即使在外力作用下引信意外发火，也不会引爆弹丸装药。综合分析，该弹清理鉴定和取出引信过程中发生意外燃爆的可能性极低，按规程作业并采取相应防护措施，相关作业环节安全风险可以得到有效控制。

（2）安全状态。综合判断，引信和弹药的安全状态与入库前相同。

（3）安全风险与防护。

① 风险。不能排除生产过程中，由于漏装、错装或装配有质量不合格的零部件，造成引信安全性不合格；但从出厂接收入库和过去多次转库堆码未发现问题来看，这种情况属于小概率事件，在一次行动中不大可能发生。

② 危害。即使引信意外发火，由于与弹丸非整装，也不会引起弹丸爆炸，不会导致整箱和整堆弹药殉爆，危害较小，但可能导致近身清理和搬箱人员伤亡。

③ 防护。稳妥清理，不得敲击包装箱；稳拿轻放，不得摔箱跌落。防止底火撞击发火，引信解体火工品外露。

3. 无坐力炮弹

弹丸装药及发射药和推进剂储存安全性较好，机械感度较低；引信解除保险的可能性不大，但不能完全排除。

1）受损情况

堆垛整体前移，大部被库房墙体和塌方泥土掩埋；出现塌垛，部分弹药箱抛出、摔落，甚至损坏。部分弹药包装筒损坏，个别弹药破损。

2）安全状态分析

（1）前移抛出影响。该弹引信解除保险所需加速度为6280~13000倍重力加速度（持续时间不足0.1s），按6000倍重力加速度、包装全重30kg计，单箱弹药要受到180t的前冲力作用引信才可能解除保险。包装箱盖宽43cm、厚2cm，按矩形平板计算，则箱盖所受冲击静压达209.3MPa，超出松木屈服强度（10MPa左右）20倍；包装箱侧面尺寸为高23cm、宽43cm、厚2cm。按简支梁估算，并设冲击时间持续0.1s，则侧面单位宽度所受冲量为$4.19 \times 10^5 N \cdot s/m$，远大于允许值$6.56 N \cdot s/m$。两个数据都说明，引信解除保险所需要的前冲加速度足以使包装箱箱盖或侧面损坏。因此，包装箱抛出但未损坏时（包装箱完好的抛出弹药），引信不可能解除保险。而原地未动的弹药，引信不会受到后坐力作用，也不可能解除保险。但包装箱损坏的弹药，由于具体受力情况复杂，引信也未必解除保险。

（2）摔箱跌落影响。该弹引信安全落高为3m，大于实际堆垛高度，因此，由于摔箱跌落引起引信解除保险的可能性很小。

（3）实证分析。弹药所配点火具发火条件与引信解除保险条件相同，引信解除保险则点火具必定发火；否则，火箭发动机就失去作用。从抛出、摔落弹药包装箱没有燃烧痕迹判断，火箭发动机没有工作，点火具没有发火。由此反推，引信因抛出、摔落而解除保险的可能性基本不存在。

（4）引信发火条件分析。即便引信解除保险，如果没有足够的碰撞速度（200m/s左右）使压电陶瓷产生电荷或外界电荷（如静电）作用于弹体，引信也不会发火。

（5）结论。包装完好的弹药，包括掩埋未动和抛出摔落的弹药，引信安全状态基本没有改变；抛出且包装受损弹药，引信安全状态发生改变的可能性不大，但应当采取一定防护措施才能保证弹药搬运安全。

在引信解除保险的情况下，如果受到足够的轴向冲击或静电作用，存在点燃发动机或引爆弹丸装药的可能。因此，该弹在清理鉴定和分解拆卸过程中，存在发生意外爆炸的可能，一旦发生意外爆炸，近距离作业人员安全无法保证。在作业过程中，必须采取稳拿轻放、严防撞击跌落、严控作业现场人员数量等管理措施。

目前，尚有数量不清的弹药箱被墙体和滑坡泥土压埋，需要根据滑坡泥土清理情况进一步判定弹体受损情况和安全状态。按包装完整、包装受损、跌落、散落、弹体变形等情况，分类采取相应防护措施处置，可以有效降低风险，但不能完全排除意外情况。此外，弹药可能存在小概率的生产制造先天缺陷不可控风险。

3）安全风险与防护

（1）风险。

① 生产缺陷。不能排除在生产过程中，由于漏装、错装或装配有质量不合格的零部件，造成引信安全性不合格；但从出厂接收入库和过去多次转库堆码未发现问题来看，这种情况属于小概率事件，在一次行动中不大可能发生。

② 挤压撞击。处于压埋状态的弹药无法观察受损情况，不能排除由于挤压撞击作用使引信严重损坏，甚至解体，则雷管再受挤压撞击或静电作用，有可能直接发火。但是，如果包装箱基本完好，或者包装箱虽有损坏但包装筒基本完好，弹药和引信受损的可能性不大。从理论上推断，除堆垛上层弹药直接受到墙体砸击可能受损严重之外，堆垛中、底层掩埋弹药受损可能性不大，但有待实践证实。

（2）可能危害。

① 燃烧。如果意外引发底火，或者过大冲击点火具，可能使发射药和推进

剂燃烧。

②爆炸。如果引信意外发火,单发弹药必然爆炸,由于弹体较薄,必然殉爆整箱弹药。如果弹药箱处于弹药堆垛内,殉爆整堆弹药的可能性很大。

(3)防护措施。

①定人。除指定作业人员之外,其他人员一律不得进入现场,保持现场作业人员最少。

②防静电。作业人员必须穿着防静电鞋袜,符合人体静电泄露电阻要求。

③禁止野蛮作业。稳妥清理,不得敲击包装箱;稳拿轻放,不得摔箱跌落。

7.3.2 总体险情综合研判

根据上述情况和有关弹药结构组成的分析,此次滑坡造成现实和潜在的危险主要如下:

(1)库存弹药温湿度环境处于失控状态,并且不能排除滑坡体垮塌、建筑物进一步受损的威胁,严重影响仓库的正常工作生活秩序,大幅增加仓库安全管理压力。

(2)受损但未被埋压的破甲弹,初步判断引信解除保险的可能性不大,但不能排除由于生产制造缺陷和长期储存期间勤务作业造成引信解除保险的可能;同时考虑到该引信采用压电发火方式,即使解除保险如无足够轴向撞击或静电作用,也不会引起引信发火。杀伤榴弹所配用的引信,解除保险的可能性极小。因此,受损未被埋压的弹药在采取防跌落撞击、防静电等措施的前提下,可以满足短途移运安全要求,但难以保证长途运输安全。被埋压弹药的安全状况,需要结合处置过程根据受损情况进一步鉴定。

(3)部分受损严重无坐力炮弹,不能排除进一步受到滑坡体及建筑物垮塌的冲击作用,有可能引起引信解除保险、发动机点火,甚至弹丸爆炸。

(4)弹药垛体、库房房屋和滑坡体相互支撑暂时稳定,其中一方移动或变形会引起整体失稳,引发次生灾害,进而危及弹药。

(5)滑坡体依托的山体和上方悬空的少量水泥喷浆护面体存在进一步坍塌的可能,引发次生灾害威胁弹药安全,也对处置过程构成威胁。

7.3.3 处置风险与防范措施

根据上述情况,按照"同步展开、平行作业,刻不容缓、争取时效"和"严格加强现场警戒与防护,严防弹药流失引爆"的指示要求,本着"安全稳妥、先易后难、先外后内、不留隐患"的原则,按照滑坡体清理、库房加固、弹药清理转移、弹药后续处理4个步骤组织实施险情和弹药后续处理。

依据《中国人民解放军安全条例》有关要求,根据上述险情研判和处置措施,综合考虑各种不安全因素影响,本次处置的主要风险环节有3个:一是6号库掩埋挤压无坐力炮弹的清理鉴定;二是弹药分解拆卸作业;三是滑坡体清理。由于弹药安全状态难以逐一准确判定、作业过程中不确定因素较多、滑坡山体处于不稳定状态,在弹药清理鉴定与分解拆卸作业过程中存在个别弹药意外爆炸的可能,滑坡体清理作业过程中存在个别人员意外摔落的可能。考虑到6号库作业面积狭小和弹药分解作业所需要人数等实际情况,通过控制相关环节的作业人员数量,可以将意外发生时死亡人数控制在5人以内。根据《省军区部队安全风险评估暂行办法》,综合评估本次处置风险等级为较大风险。

主要作业环节风险及防范措施如下:

(1)清理压埋弹药的墙体和泥土。在清理过程中,可能存在机械振动、冲击、静电等外部作用,拟采取人工为主、机械为辅的作业方式,科学设计作业流程,严格防静电要求,控制作业进度和单次挖掘厚度,严禁野蛮作业等措施。

(2)弹药鉴定。在鉴定过程中,存在失手跌落、人体静电作用等危险,必须采取严防跌落、消除静电等措施。

其中,在埋压弹药清理和鉴定过程中,作业难度大,安全风险高,是整个险情与弹药处置的安全重点。具体安全风险与防范措施如下:

① 安全风险:库房坍塌或碎块掉落;弹药燃烧爆炸;弹药丢失。

② 防范措施:视情及时加固库房;严格定人,库内作业限3人或4人;加强人员防护,人员穿着防静电鞋袜,戴施工头盔;禁止野蛮作业;严格专家指导:一两个专家指导清理、负责鉴定,2名干部负责泥石清理并搬出库外;严格交接登记。

(3)弹药短途搬运。在搬运过程中,存在人员摔倒、失手掉落造成摔箱掉弹的风险,拟采取清理道路、控制搬运量和人员行进速度等措施。

(4)弹药分解作业。在分解作业过程中,存在弹体螺纹滑扣、夹持掉弹、底火意外刺发、引信和弹药部件摔落,以及静电作用等风险,必须严格制订处理方案和分解作业规程,配备必要的专用设备,同时采取作业工作台接地、加装防跌落装置、控制作业速度、严格定员限量等措施。

弹药烧毁、炸毁作业,交由专业机构处理。

7.3.4 作业人员的风险及防范措施

这方面主要存在参加处置的作业人员专业素质不高、粗心大意、心理恐惧等因素,造成摔弹、违规操作、误操作等风险,拟采取岗前技能培训、教育管理、心理疏导等措施,保证作业人员掌握弹药结构组成与作用原理以及机工具操作

154

方法,提高心理素质和操作技能。

　　我们选择弹药仓库发生山体滑坡这个突发事件案例,介绍了包括有关弹药结构组成与作用原理等在内的有关背景,结合可能的处置过程,深入分析了突发事件造成的险情与弹药处置的安全风险和防范措施。下面以此为参考,从上级机关弹药助理员的岗位出发,共同研究拟制指导自己工作的《突发涉弹事件应急处置预案》。

7.4　险情与弹药后续处理方案和预案拟制

1.《山体滑坡险情与弹药后续处理方案》

详细内容请参阅附录 A-4。本节在此只归纳介绍有关方案的主要内容和要求。

　　引言:简要介绍本次处理任务的来源和方案制订的主要依据。

　　一、基本情况

　　(一) 仓库情况

　　简要介绍仓库历史和建设情况,重点介绍有关库房情况。

　　(二) 受损情况

　　简要介绍本次灾害发生经过、受损情况和前期采取的处置措施,重点介绍与后续处理有关的弹药储存及受损情况,包括必要的弹药统计表。

　　(三) 险情研判

　　择重简略介绍与后续处理有关的险情研判的依据和结论。

　　二、处理措施

　　阐明本次险情与弹药后续处理的主要步骤、方法和要求,具体如下:

　　(一) 滑坡体清理

　　(二) 库房加固

　　(三) 弹药清理转移

　　(四) 弹药后续处理

　　三、处置风险与防范

　　择重简略介绍与后续处理有关安全风险、可能危害和防护措施等,具体如下:

　　(一) 弹药自身风险及防护措施

　　(二) 作业环境风险及防护措施

（三）作业过程风险及防护措施

（四）作业人员风险及防护措施

四、组织领导

主要说明后续处理的组织领导与人员分工,具体如下:

（一）现场指挥组

（二）专家指导组

（三）滑坡处置组

（四）弹药清运组

（五）管理警戒组

（六）军地协调组

（七）综合保障组

五、保障措施

简要阐述保障后续处理顺利完成的必要措施和需要注意的事项、总体要求等,具体如下:

（一）高度重视

（二）充分准备

（三）严密组织

（四）确保安全

六、需上级协调解决的问题

主要申明需要上级机关(指对本方案具有审批权限的上级业务主管部门,即本方案上报的受件机关)协调解决的技术与管理问题和理由,具体如下:

（一）请专家予以全程指导

（二）协调专业弹药销毁机构

（三）协调报批报废弹药销毁计划

2.《突发事件应急预案》

详细内容请参阅附录 A-3,以便读者今后工作中参考。

附录 A 危险品弹药处理预案、方案范本

本附录节略提供来自实际的有关危险品弹药处理的预案或方案,包括报废弹药移交实施方案、弹药炸毁实施方案、突发涉弹事件总体应急预案、山体滑坡险情与弹药后续处理方案等,旨在为读者提供学习和工作参考。特别说明:均为研读范本,仅供参考。

附录 A-1 报废弹药移交实施方案(节略稿)

×××学院××教研室
报废弹药移交实施方案(草)
××××年×月××日

为安全、顺利地完成我室报废弹药的移交任务,根据总部、学院和系有关指示精神,依据《中国人民解放军通用弹药地雷爆破器材安全管理规定》等法规和技术标准,结合实际情况,制订本方案。

一、基本任务

(一) 移交弹药品种与数质量状况

总计移交报废弹药 41 种(其中各式炮弹 39 种、手榴弹 2 种)、2710 发(个),总重约 17.5t,分 248 个整箱、8 个零箱包装,详见附表《××教研室上交报废弹药统计表》。

根据弹药结构分析和专家鉴定,上述弹药具有较高的运输安全性,在采取必要的内外包装加固措施后且按有关规定装卸运输的条件下,可以进行远距离公路运输。

(二) 收发单位与基本运输路线

1. 接收单位

××军区联勤部第×联勤分部××弹药库。

2. 发出单位

学院训练部装备处。

3. 装卸运输方式

人工装卸,普通货运卡车公路运输,一趟完成。

4. 基本运输路线

装车地点:学院弹药库。

行车线路:由院务部确定,要考虑道路、桥梁、涵洞(如果有的话)的承载和通行能力,注意避开人口密集的城镇。

二、组织领导与职责分工

(一)组织领导

成立领导小组和技术组、运输组,主要职责分工如下:

1. 领导小组

组长:院领导1人。

成员:(训练部、政治部、院务部领导各1人),弹药工程系领导1人。

职责:

(1)审批有关计划与方案;

(2)总体协调;

(3)指挥、督促各自主管的职能部门或单位完成下述有关职能部门和单位职责分工。

2. 技术组

组长:××。

成员:(略)。

职责:

(1)指导弹药内外包装的加固、弹药装车与紧固;

(2)负责弹药装车前的技术检查和装车后的装载情况安全检查;

(3)参与有关计划与方案的审批和总体协调工作。

3. 运输组

组长:军务处领导1人。

成员:(装备处、保卫处、教学系、教练团、汽车队领导或主管参谋各1人),××教研室领导1人。

职责:

(1)负责弹药运输过程中全部事务的指挥,特别是安全管理;

(2)负责弹药交接和必要时与地方有关部门的联系与交涉;

(3)参与有关计划与方案的审批和总体协调工作。

（二）有关职能部门和单位职责分工

1. 训练部

作为装备主管部门,主要负责总体协调指挥,包括内容如下:

（1）审批弹药工程系运输实施方案,向院务部申报运输计划,与总部、××军区联系办理调拨手续等事宜,院内组织协调和教育动员工作。

（2）确定移交时间和地点,开具安全证明,办理介绍信、通行证等。

（3）与接收单位办理交接手续。

（4）准备运输消防设备和生活必需品等。

2. 政治部

主要负责运输过程中的警戒保卫工作,包括了解沿途社情、处理突发事件、武装押运、必要时与地方公安部门的联系和交涉。

3. 院务部

作为后勤部门和主要承运单位的上级主管部门,主要负责安全运输,包括内容如下:

（1）审批运输计划。

（2）会同训练部调配运输车辆,选配驾驶员、修理工和带车干部,会同训练部和政治部选择运输时间和路线,必要时与地方交通管理部门的联系和交涉。

（3）会同弹药工程系进行车辆安全检查及装车后和卸车前的装载情况安全检查。

（4）装卸与运输过程中的医疗保障和救护。

4. 教学系

作为托运单位,主要负责有关技术保障和押运任务,包括内容如下:

（1）弹药内外包装的加固。

（2）弹药装车前的弹药技术检查和车辆安全验收,弹药装车与紧固,装车后的装载情况安全检查。

（3）选配运弹车押车干部并全程押运,协助政治部处理突发事件中的技术问题。

（4）卸车前的装载情况安全检查。

（5）协助训练部办理交接手续,指导接收单位对上交弹药进行技术检查和卸车。

三、实施计划与任务要求

报废弹药移交计划表

阶段	任 务	时 间（略）	措 施 与 要 求	负责单位负责人	备 注
1.准备阶段	1.1 首次内部协调会		以本方案为基础,提出问题与建议,初步确定人员,明确任务分工与要求	领导小组	
	1.2 确定运输路线与行驶时间		（1）了解社情,勘察道路,保证道路坡度、弯道半径、桥梁负荷与高度、涵洞高度等符合运输车辆的技术性能和安全运输要求。 （2）避开城镇和居民区。当无法避开时,需报请总装后勤部批准,并避开人员活动高峰期。 （3）待总部批准后,通报地方有关部门,按其批准的行驶路线和时间通行	院务部	
	1.3 与总部及军区协调,确定移交时间与地点		向总部和军区报告初步方案,明确移交时间和接收单位与联系人	训练部	
	1.4 修改运输实施方案并报批		（1）按首次内部协调会意见和总部、军区有关要求修改、完善本方案,经院领导审批后,上报总部批准。 （2）将总部批准的实施方案抄报军区联勤部和装备部	训练部教学系	
	1.5 再次内部协调会		根据总部批准的实施方案,最终确定人员,明确任务分工与要求	领导小组	
	1.6 弹药包装加固		（1）采取加垫纸张、泡沫塑料或卡板等措施,确保弹药内包装紧固。 （2）确保不同弹药不同箱混装。 （3）采取更新包装箱、钢带打包等措施确保包装箱牢固。 （4）加贴自制彩色标签,保证标志完整、清晰。 （5）所有包装箱必须铅封	教学系	

阶段	任 务	时 间 (略)	措施与要求	负责单位 负责人	备 注
1. 准备阶段	1.7 车辆准备		(1) 需要前导警车、后卫兼联络车、生活保障车、救护车各 1 辆,4t 运弹卡车(含备用车)7 辆,共 11 辆。各车需加贴编号,运弹车还需悬挂危险品运输标志、加盖篷布、配备灭火器材,备用车另须携带备用防爆沙袋若干。 (2) 所有车辆必须经过细致的检查和维护,确保车况良好、性能正常、安全可靠。 (3) 驾驶员(11 人)必须作风过硬、技术精良,具有各种复杂路况的驾驶经验;修理工(2 人或 3 人)必须技术精湛,并携带必要的修理工具。 (4) 带车干部必须熟悉交通规则和有关安全运输规定,具备高度的责任感和安全意识,武装押运干部必须能够掌握政策并具备高度的负责精神	院务部 政治部 训练部	备用防爆沙袋紧贴驾驶室后垒放,确保意外爆炸产生的破片不致伤害驾驶员和带车干部
	1.8 手续准备		(1) 办理弹药调拨及有关安全证明、介绍信、通行证等手续。 (2) 与地方公安和交管部门进行必要的联系	训练部 政治部 院务部	
	1.9 生活必需品与医疗救护准备		(1) 准备往返(2 天,32 人)所需饮用水和汽车冷却水。 (2) 准备汽车加油和人员就餐、住宿等必须的经费(自带洗漱用品)。 (3) 具备救护技能的医生 1 人,携带常用药品和必要的救护用品	训练部 院务部	驾驶员与带车干部各 11 人(其中 5 人由运输组人员兼任),修理工 2 人,运弹车及武装押运员共 7 人,医护人员 1 人,计 32 人

阶段	任 务	时 间（略）	措 施 与 要 求	负责单位负责人	备 注
1.准备阶段	1.10 装车用物资、机具准备		（1）弹药堆垛紧固用木桩若干,打包用钢带 200m、接头若干。 （2）打包机、钢剪 2 个,空弹药包装箱、嵌子、8#铁丝等若干。 （3）手推铲车 4~6 部(已有 3 部)		
	1.11 准备工作检查		按上述要求,各单位自我检查,领导小组会同技术组和运输组进行统一检查	有关单位领导小组	
	1.12 准备工作完善		根据检查中发现的问题,各单位进一步完善准备工作	有关单位	
2.装车阶段	2.1 集结、检查		根据上述有关要求,对下列准备工作情况进行检查: （1）车辆及手续准备情况。 （2）生活必需品与医疗救护准备情况。 （3）装车用物资、机具准备情况。 （4）人员到位情况	有关单位技术组运输组	（1）头日 15：00 在院内完成集结,16：00 完成检查。 （2）当晚应对集结的车队设置警卫
	2.2 动员教育		明确目的意义、任务分工、职责要求和安全注意事项	领导小组	16：00—17：00 进行
	2.3 人员、车辆等进驻井陉弹药库		（1）上述 11 辆车及修理工、带车干部、押车干部、医生等随行人员全部进驻。 （2）技术组、运输组及指定装车人员随车进驻。 （3）随车带上生活必需品与医疗救护用品(1.9)、装车用物资、机具(1.10)及铅封工具、危险品标志、浆糊等	技术组运输组	次日 6：00 从学院出发;

阶段	任 务	时 间（略）	措 施 与 要 求	负责单位 负责人	备 注
2. 装车 阶段	2.4 装车		（1）装车前应全面检查弹药包装、搬运机具和车辆安全状况，并进行必要的现场动员教育。 （2）搬运过程中应稳拿轻放，严防倾倒、跌落、碰撞，不得拖拉、翻滚、倒置，并应严格按附表依序、分车装载。 （3）装车堆垛应尽量整齐、重量分布均匀，高度不得超过车厢挡板，采用将堆垛与车厢板用钢带打包、包装箱间加垫木楔等措施确保堆垛与车厢紧固，车厢尾部应当堆码成阶梯形并进行加固。 （4）弹药包装箱应当平放，箱盖朝上，6# 车弹药箱必须横装。 （5）在装车过程中，汽车发动机必须关闭，所有移动通信设备应关机，在场人员不得携带火种，严禁吸烟，无关人员不得进入作业现场。 （6）装车过程中在作业现场设临时警戒线，并设安全员 2 人负责作业过程中的安全管理和监督	技术组	（1）当日 8：00 开始，16：00 结束。 （2）警戒至次日车队出发前撤除
	2.5 检查、待运		（1）按上述有关要求检查装车后的弹药装载安全状况。 （2）检查合格后的弹药车加盖篷布并与车厢板紧固	技术组 运输组	16：00 开始，17：00 结束
3. 运输 阶段	3.1 现场动员教育		（1）明确任务分工、职责要求和安全注意事项。 （2）宣布突发事件处理方案，明确其任务分工与要求	运输组	次日 4：30 开始
	3.2 检查		根据上述有关要求，对下列内容进行出发前的最后检查： （1）车辆及弹药装载安全状况。 （2）手续、生活必需品与医疗救护准备情况。 （3）人员到位情况。 （4）备用弹药堆垛紧固用木楔，打包用钢带 200m、接头、打包机，弹药包装箱、钢剪、嵌子、8# 铁丝等准备情况	技术组 运输组	5：10 开始

163

阶段	任务	时间（略）	措施与要求	负责单位负责人	备注
3.运输阶段	3.3行驶		（1）严格按计划路线、时间，依序行驶。 （2）车距不得小于50m,车速按报废弹药运输要求执行(一般情况下不得大于25km/h,路况较差时减速慢行)。在运输途中,不得随意停车、急刹车、抢道超车。 （3）运弹车严禁搭载无关物品,不准搭乘无关人员,有关人员不得携带火种,严禁吸烟。 （4）停靠时,必须设置警戒,发动机应关闭。停靠位置应适当,有利于安全管理和警戒。 （5）遇雷雨时,必须停车并关闭发动机。停靠地应避开高地、高压电线、高大树木,以防雷击。 （6）押运员应严格遵守纪律、履行职责,熟记本车弹药品种和数量;除事故弹药的押运之外,对正常报废弹药的押运,押运员必须乘坐在车厢内(武装押运员除外)。 （7）遇突发事件时,应保持镇静,按有关方案处理	运输组技术组	5:40就餐,6:00出发
	3.4交接、卸车		（1）运抵目的地、停车稳妥并关闭发动机后,检查弹药装载状况,安排当晚的车辆警戒。与接收单位联系,安排交接与卸车、就餐和住宿等事宜。 （2）次日按规定办理交接手续。 （3）协助接收单位进行技术检查,指导其卸车	运输组技术组	当天20:00应可运抵目的地
	3.5返回		（1）按一般人员运输要求,选择行驶路线、控制形式速度。 （2）注意遵守交通规则	运输组	争取次日10:00起程回返,预计18:00到校
4.总结阶段	4.1清点、小结		（1）返校后集中清点带回物资、手续和人员情况,各自物资各自带回。 （2）讲评、小结	运输组	

四、突发事件处理预案

（一）交通事故处理预案

由院务部制订。应考虑以下情况：

（1）不得长时间影响其他非事故车辆的运输。

（2）对意外撞车导致运弹车不能正常行驶但未翻车的弹药，应按上述有关弹药装载要求和其他有关规定，卸车、装载到备用运弹车上继续运输。

（二）摔落弹药处理预案

1. 适用范围

运输途中意外出现的翻车弹药和摔落的弹药。

2. 处理原则

（1）安全第一。确保处理过程的安全，确保后续运输的安全，确保事故现场不留安全隐患。

（2）有章可循。严格按照有关规定和本方案进行处理。

（3）简便高效。处理方法简便，不得长时间影响本车队其他弹药的运输，不得长时间影响其他车辆的正常通行。

3. 处理方法和步骤

（1）车队所有车辆立即停车并在事故车周围适当范围内布置警戒，同时由运输组负责上报领导小组并与地方有关公安和交管部门取得联系（单纯的弹药箱摔落则无须与地方部门联系）。

（2）事故车关闭发动机，其他非事故弹药车谨慎驶离距事故现场适当位置处停靠并关闭发动机。

（3）技术人员负责清点摔落（含翻落，下同）的弹药品种、箱数和发数。

（4）除警戒人员和驾驶员（负责各自车辆的看护）、指挥联络人员之外，其他人员搜寻摔落的弹药及其包装箱。注意，不得直接触摸弹药，并认真核对品种和数量、确保现场无遗漏弹药和弹药元件（如引信）。

（5）由技术人员对摔落的弹药就地进行技术鉴定（包装箱破损但弹药未摔出的，则需开箱检查），以确定具体处理措施。

（6）鉴于本次上交报废弹药均未配用低膛压非旋引信和行驶速度极低、摔落弹药不会出现解除保险的危险情况等实际情况，确定采取以下具体措施：

① 包装箱完好无损的，不做任何处理。

② 包装箱破损但弹药完好无损的，另选备用包装箱，按上述有关要求将

弹药及其引信(特指非整装弹)重新包装(包括内外包装紧固、加贴标志、重新铅封等)。

③ 弹药破损的,取备用包装箱,按引信、弹丸、药筒、发射药(不含点火药和推进剂)、推进剂分类,分箱按上述有关要求重新包装;点火药(少量)则就近选择适当场地予以烧毁。注意,内外包装一定要紧固,处理过程中要防静电。

④ 所有摔落的弹药,其包装箱外均须加注明显的摔落字样、加贴危险品标志。

(7) 将经上述处理后的摔落弹药包装箱,按上述有关要求紧贴防暴沙袋(事先将防爆沙袋紧贴垒放于驾驶楼后)装载到备用运弹车上。注意,必须保证装载牢固。

(8) 装有摔落弹药的备用运弹车作为最后一辆运弹车,编入车队,按上述有关要求继续运输。注意,要切实控制车速和车距,适时将处理结果上报领导小组。

五、实施要求

(1) 高度重视,密切协作。(略)

(2) 服从命令,听从指挥。(略)

(3) 安全第一,按章作业。(略)

六、存在问题与建议

(一) 存在问题

时间紧,任务重,人员紧张。

(二) 建议

优先安排危险品弹药的就地销毁,年内暂不实施上交方案,待明年 3~4 月实施。

附录 A-2　弹药炸毁实施方案(节略稿)

××××学院
报废弹药野外炸毁实施方案
(××××年×月××日)

一、任务来源与制定依据

根据总装司令部批复我院的《关于呈报报废弹药销毁处理方案的请示》,为彻底消除报废弹药的安全隐患,拟对学院现存部分报废弹药进行野外炸毁处理。

为保证野外炸毁工作的安全顺利,依据《中国人民解放军通用弹药地雷爆破器材安全管理规定》《报废通用弹药处理技术规程》等法规与标准和学院上述请示,结合待处理弹药及学院实际,制订本方案。

二、基本任务与原则

(一) 基本任务

根据安全与技术可能,计划于今年 6 月 18 日在××军××旅坦克训练场(野外炸毁场),将下表所列 9 种、26 发(个)报废弹药及 720m 导爆索进行野外炸毁。

野外炸毁报废弹药明细表

序号	弹药名称	计量单位	数量	存放地点	备　　注
一	无坐力炮弹		21		
1	某型无破甲弹弹丸	个	2	弹药库	带雷管
2	某型无破甲弹	发	8		无引信,带药筒、底火
3	某型无榴弹弹丸	个	1		
4	某型无破甲弹弹丸	个	10		带雷管、引信
二	炮弹(其他)		5		
1	某型破甲弹战斗部	发	1	地下库	无引信
2	旧式迫击炮弹	发	2		
3	某型高榴弹弹丸	个	1		
4	某型加榴霰弹弹丸	发	1		
三	导爆索	米	720	弹药库	

（二）原则

全面贯彻总部关于废旧和危险爆炸物品销毁处理工作的"积极稳妥、安全第一、统筹安排、量力而行,充分准备、严密实施"的原则,按照"谁主管谁负责、谁组织谁负责、谁在场谁负责"的责任制要求,立足人员与场地、器材实际,通过强化准备工作、强化安全防护措施、强化实施过程中的安全管理、强化意外情况处置等措施,确保报废弹药野外炸毁的安全顺利。

三、组织领导与分工

成立指挥组、作业组、保障组、警卫组、救护组 5 个小组,人员组成及职责分工如下。

（一）指挥组

组长:训练部领导 1 人。

副组长:教学系领导 1 人。

成员:(略)

主要职责:

(1) 审批实施计划与技术规程;

(2) 总体协调,包括人员调配、车辆与场地保障、物资筹措、机工具加工及经费保障等方面的协调;

(3) 掌握工作进度,发布各阶段作业的命令、信号等;

(4) 作业现场管理,意外情况处置指挥。

（二）作业组

组长:×××

副组长:×××、×××

搬运开箱人员:(略)

挖坑人员:(略)

装坑人员:(略)

布线点火人员:(略)

主要职责:

(1) 炸毁作业技术准备,主要包括技术规程制定、爆破器材的准备和检查、作业场地布置;

(2) 待炸毁报废弹药的紧固包装、出库和装车;

(3) 技术作业,按炸毁技术规程具体实施报废弹药野外炸毁作业。

（三）保障组

组长:装备处领导 1 人。

成员：(略)

主要职责：

(1) 通信与信号器材准备；

(2) 车辆调配与行进中的组织协调；

(3) 作业组等有关人员的饮食、生活保障；

(4) 作业组等有关人员及技术器材的往返运输；

(5) 协助作业组进行装车等。

（四）警卫组

组长：保卫处领导 1 名。

副组长：军务处干部 1 人。

成员：干部 1 人、战士 10 名。

主要职责：

(1) 运输过程中的安全警戒；

(2) 作业过程中对作业现场的安全警戒，严禁无关人员进入。

（五）救护组

组长：门诊部专家 1 人。

成员：救护车司机 1 人、担架员 2 人

主要职责：

发生意外时的人员抢救与护理。

四、实施进度与任务要求

计划于 6 月 11 开始，6 月 18 日结束，主要分为准备、现场炸毁与验收小结 3 个阶段完成。

具体实施进度与任务要求见附件 1。

五、作业组织与技术规程

（一）作业组织程序与要求

1. 总程序

按装车、运输、现场展开、炸毁作业、撤收返回 5 个大步骤依次实施。

（1）装车。主要任务包括：提前一夜，将弹药库和地下库将待炸弹药(事先按要求完成了内外包装的加固)分别装车，并利用绳索等工具将弹药箱固定，确保与车箱不发生相对移动。其中，地下库弹药、弹药库破甲弹应利用沙袋进行防护，确保运输过程中发生意外时，不会伤害司乘人员。弹药库同时准备起爆用炸药包 5 个，并进行电雷管的测试。注意，装弹车当夜应加警卫。

（2）运输。主要任务包括:弹药库装弹车 2 辆,炸药车、爆破器材车、前导车、乘员车各 1 辆(共 6 辆)组成 1 号车队,于次日 4:30 出发,沿石太高速公路至鹿泉市交管大队向北,于 6:30 左右到达炸毁场。院内地下库装弹车、前导车、救护车、警戒车、指挥车各 1 辆(共 5 辆)组成 2 号车队,于次日 5:30 由学院西门出发,沿北新街、和平路、西二环、新华路,至鹿泉市交管大队向北,于 6:30 左右到达炸毁场。

到达炸毁场后,所有装弹车、炸药车、爆破器材车驶至石桥停放,其余车辆在指挥所(炸毁场进口不远处)附近停放。

（3）现场展开。主要任务包括弹药、爆破器材及工具的卸车、空车的停靠、警戒人员的布置。

（4）炸毁作业。主要任务包括爆破坑挖掘、弹药装坑、引爆炸药放置、点火线路布置和检查、点火引爆和现场清理。

（5）撤收返回。主要任务包括警戒人员的撤回、爆破器材和工具的装车、全场人员的集合小结、登车返回。

2. 作业组织程序与主要要求

按任务布置、挖爆破坑、弹药的搬运及开箱检查、报废弹药装坑、引爆炸药放置、填土掩埋、点火线路布置、点火和火场清理 9 个步骤依次进行。

（1）任务布置。正式炸毁作业前应由指挥组现场负责人进行安全教育,作业组负责人布置任务、明确分工,提出作业要求。

（2）挖爆破坑。根据炸毁作业技术规程要求,作业组人员在预定地点挖掘 4 个爆破坑,即 1$^{\#}$爆破坑、2$^{\#}$爆破坑、3$^{\#}$爆破坑和 4$^{\#}$爆破坑。

（3）弹药的搬运及开箱检查。人工将弹药从停车场搬至作业场。利用相应的工具对紧固包装的弹药进行开箱,并检查弹药的技术状况。

注意事项:搬运过程中要稳拿慢行,防止弹药跌落。

（4）报废弹药装坑。按技术规程的装坑方法与要求,将报药分别装入 1$^{\#}$~4$^{\#}$爆破坑。

要求:弹药装坑时必须稳拿轻放、严防跌落,并遵守弹药装坑原则,按照相关技术要求进行装坑。

（5）引爆炸药放置。按规程的要求设置、安放引爆炸药包。

（6）填土掩埋。按规程的要求进行填土掩埋。

（7）点火线路布置。按规程要求将干线展开,而后连接好各支线上的雷管并与干线相连。

（8）点火。

（9）火场清理。

（二）技术规程。

技术规程见附件2。

六、防护措施与实施要求

由于本次炸毁的部分报废弹药中带有运输安全性较低的引信,加之储存时间很长、技术状况不明,因此在运输和搬运过程中存在一定的风险。为此,必须采取并严格遵守下列防护措施与实施要求:

（一）分车运输

将带有引信的一箱某型无破弹丸单独用一辆客货车运输,其他报废弹药用一辆卡车运输,以减少一旦发生事故的殉爆危害。

（二）在运输车辆上构筑有防爆能力的掩体

如下图所示,在客货车的前厢板内侧摆放3层沙袋(沙袋为前后方向),将炮弹箱靠紧沙袋后,将其四周也放置沙袋。

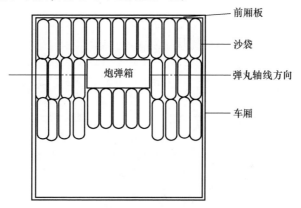

运输客货车防爆示意图

爆破器材、作业工具、起爆用电雷管单独用一辆卡车运输,起爆用电雷管由专人看管。

（三）严格现场管理

（1）在作业过程中,必须有至少一名师职以上的领导干部负责现场指挥。作业人员必须服从命令,听从指挥,严格按章作业,没有指挥员的命令不准私自作业,遇到问题及时报告。

（2）所有人员不得携带火种和手机进入作业区(距爆破坑110m以内为作业区),严格遵守限员要求,无关人员不得进入作业区。

（3）严格遵守操作规程和安全规定,点火机手柄由作业组长携带。

（四）严密组织实施

（1）严格按上述有关程序与要求进行作业组织。

（2）制订紧急情况处理预案,并严格按预案进行准备和紧急情况处置。

七、附件

附件1:实施进度与任务要求计划表。

附件2:弹药炸毁技术规程。

附件1

实施进度与任务要求计划表

阶 段	任 务	时 间	要 求	分 工	备 注
1. 准备阶段（6月11—17日）	1.1 制订实施计划	6月11—12日	拟订详细的实施计划和技术规程	××× ×××	
	1.2 审查、修改实施计划	6月13日	报请学院报废弹药销毁处理领导组审查批准	指挥组	
	1.3 协调会	6月13日	布置任务,明确人员与分工,提出要求	院领导小组	
	1.4 工具及爆破器材准备	6月13—17日	（1）弹药开箱工具:铁皮剪、拨钉器各1把,钢丝钳、改锥各2把,铁锤1把,空弹药箱2个; （2）铁锹10把; （3）手套15副; （4）胸牌若干; （5）绳索若干	××× ×××	
			（1）干线200m、支线若干、电雷管16个、78式电点火机、QJ41型电雷管检测仪各2个、1号干电池10节、电工用胶布一卷; （2）梯恩梯炸药（4×8+8）kg、裁纸刀2把、胶带纸10卷; （3）雷管盒1个	××× ×××	

172

阶 段	任 务	时 间	要 求	分 工	备 注
1. 准备阶段（6月11—17日）	1.5 防护物资、通讯器材等准备	6月13—17日	（1）70cm×50cm×20cm 沙袋 50 个（地下库 20 个，井陉 30 个）； （2）信号枪 1 把，红绿黄信号弹各 10 发； （3）警戒红旗 10 面； （4）望远镜 10 部； （5）钢盔 5 个； （6）梯子 1 把	装备处 教练团	
	1.6 运输准备	6月13—17日	依维柯 3 辆、前导车 2 辆、卡车 2 辆、客货车 3 辆、指挥车 1 辆	教练团	
	1.7 救护准备	6月13—17日	救护车 1 辆、救护用品若干、医生 1 名、担架员 2 名	门诊部	
	1.8 生活用品准备	6月13—17日	生活用品、便餐 20 份（1 号车队携带）、矿泉水若干	保障组	
	1.9 现场预布置	6月16日上午	现场确定停车位置、警戒位置、人员集结位置		
	1.10 检查、动员	6月17日上午	（1）准备工作是否就绪，任务与要求是否明确； （2）动员教育	院领导小组	
2. 实施阶段（6月17—18日）	2.1 装车准备	6月17日下午	1 号车队[前导车 1 辆（保卫处 1 人押车）、卡车 1 辆（×××押车）、卡车 1 辆（×××押车）、客货车 1 辆（×××押车）、客货车 1 辆（×××押车，装爆器材、工具、钢盔、梯子、喊话器）、人员座车 1 辆（×××押车，乘坐人员、装生活用品）]14:00 从学院校区开往学院弹药库	作业组 警卫组	13:30 在弹药修理车间装车，13:50 到礼堂前集合
	2.2 弹药装车		药包捆扎、雷管检测、弹药装车	作业组	
	2.3 出发	6月18日	1 号车队 4:30 从××弹药库出发、2 号车队[引导车 1 辆（干部 1 人押车）、客货车 1 辆（×××押车、装弹药）、人员座车 1 辆（警戒组 1 干部押车，10 名战士、警戒红旗 10 面）、人员座车 1 辆（干部押车，携带信号枪与信号弹、望远镜）、指挥车、救护车]5:30 从院内出发，按指定路径开往炸毁场	指挥组 作业组	

阶 段	任 务	时 间	要 求	分 工	备 注
2. 实施阶段（6月17—18日）	2.4 警戒布置	6月18日 6:30—8:30	提出警戒要求（发布信号约定：准备作业-3发黄色信号弹，准备点火-3发红色信号弹，解除警戒-3发绿色信号弹；各岗哨应坚守岗位、站立在作业组可见位置，见到红色信号弹后，哨位应按下列约定回信号后并隐蔽。情况正常，摇动红旗；否则，放下红旗），按指定位置和要求设置警戒	警卫组	
	2.5 卸车		将弹药、起爆器材及作业工具分别卸放在指定位置	作业组	
	2.6 挖爆破坑		按技术规程要求，在指定位置挖爆破坑4个		
	2.7 装坑	6月18日 8:30—10:00	作业组发3发黄色信号弹后，按技术规程要求，将弹药分别装入爆破坑		
	2.8 炸药包设置		按技术规程要求设置炸药包		
	2.9 布线及线路检查	6月18日 8:30—10:00	按技术规程要求作业	作业组	
	2.10 点火准备				发3发红色信号弹
	2.11 点火起爆				
	2.12 炸坑清理				
	2.13 剩余爆炸品处理	6月18日 10:00—10:30			
	2.14 现场撤收				发3发绿色信号弹

174

阶 段	任 务	时 间	要 求	分 工	备 注
3. 验收小结 (6月18日)	3.1 小结	6月18日 10:30— 11:30	指挥组对炸毁情况进行小结	指挥组	
	3.2 返回		全体人员乘车返回学院	保障组	

附件2

报废弹药野外炸毁技术规程

(××××年×月××日)

一、人员分工

(一) 作业组分组与任务

1. 一组

人员组成:×××(负责)、×××、×××。

主要任务:1#坑共11发弹药(1发某式75无破甲弹弹丸、4发某式57无破甲弹、1发某型破甲弹战斗部、1发某式82无榴弹弹丸、4发某式82无破甲弹弹丸)的装坑作业。

2. 二组

人员组成:×××(负责)、×××、×××。

主要任务:2#坑共11发弹药(1发某式75无破甲弹弹丸、4发某式57无破甲弹、6发某式82无破甲弹弹丸)的装坑作业。

3. 三组

人员组成:×××(负责)、×××、×××、×××。

主要任务:3#坑共4弹药(2发旧式迫击炮弹、1发57高榴弹弹丸、1发105加农炮榴霰弹弹丸)的装坑作业。

4. 四组

人员组成:×××(负责)、×××、×××。

主要任务:4#坑导爆索(720m长)的装坑作业。

5. 技术指导组:

人员组成:×××、×××、×××、×××。

主要任务:技术指导与安全监督。

（二）主要技术作业分工

（1）弹药装卸车、搬运、作业区布局指挥：×××。

（2）用信号枪发布各阶段信号：×××。

（3）爆破器材检查与准备：×××（负责）、×××、×××、×××。

（4）开箱工具、铁锹检查与准备：×××（负责）、×××、×××。

（5）在掩体边缘摆放、固定梯子：×××（负责）、×××、×××。

（6）作业区内弹药看管：×××。

（7）爆破器材看管：×××。

二、炸毁场的布置

炸毁场的布置如下图所示，采用 4 坑炸毁，坑间距为 25m，以爆破坑中心为原点的 110m 半径范围内为作业区，作业区中心为原点的 1000m 半径范围内为禁区。距作业中心约 200m 处的小桥作为人员掩体，距人员掩体 30m 处设置爆破器材暂存点。

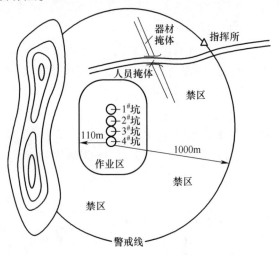

炸毁场的布置

三、炸毁作业技术规程

待炸毁报废弹药和导爆索依次采用下列作业方法进行炸毁作业：

（一）挖爆破坑

1. 基本作业方法

各作业小组根据待炸毁弹药的种类和数量挖掘爆破坑。爆破坑的大小和形状如下表所示。

<table>
<tr><td colspan="4" align="center">爆破坑参数表</td></tr>
<tr><th>爆破坑</th><th>爆破坑的大小</th><th>形状</th><th>备注</th></tr>
<tr><td>1#</td><td>直径、深度均约 1m</td><td>圆桶形</td><td>弹药坑</td></tr>
<tr><td>2#</td><td>直径、深度均约 1m</td><td>圆桶形</td><td>弹药坑</td></tr>
<tr><td>3#</td><td>直径、深度均约 1m</td><td>圆桶形</td><td>弹药坑</td></tr>
<tr><td>4#</td><td>直径、深度均约 1.5m</td><td>圆桶形</td><td>导爆索坑</td></tr>
</table>

2. 使用工具

工具:铁锹 8 把。

3. 主要技术要求

(1) 爆破坑处应土质密实、无石块。

(2) 坑间距控制在 25m。

(3) 每坑挖掘人员限 2 人。

(二) 弹药的搬运及开箱检查

1. 基本作业方法

人工将弹药从停车场搬运至作业场。利用专用工具进行开箱,并检查、确认弹药的品种与数量。

2. 使用工具

工具:铁皮剪、拔钉器、铁锤各 1 把,克丝钳、螺丝刀各 2 把。

3. 主要技术要求

(1)搬运过程中要稳拿慢行,防止弹药跌落。

(2)开箱取弹动作要轻,禁止用工具撞击弹药。

(3)各坑作业组分别由 2 人进行此项作业,不得超员。

(三) 弹药装坑

1. 基本作业方法

由 1 人在爆破坑外负责取弹与传送,另 1 人负责将弹药按下表所示的堆码方法放入爆破坑内,并使弹药相对固定。

2. 主要技术要求

(1) 弹药装坑堆码牢固,防止倒塌。

(2) 每坑作业限员 2 人。

弹药堆码方法见下表。

弹药堆码方法

爆破坑	坑内弹药	堆码方法	弹药摆放要求
1#	共 11 发:1 发某式 75 无破甲弹丸、4 发某式 57 无破甲弹、1 发某型火箭筒弹战斗部、1 发某式 82 无榴弹弹丸、4 发某式 82 无破甲弹弹丸	梯形装坑	上层:2 发某式 82 无破甲弹丸;中层:1 发某式 82 无榴弹弹丸、2 发某式 82 无破甲弹弹丸;下层:1 发某式 75 无破甲弹弹丸、1 发某型火箭筒弹战斗部、4 发某式 57 无破甲弹(放入底层中央位置)
2#	共 11 发:1 发某式 75 无破甲弹丸、4 发某式 57 无破甲弹、6 发某式 82 无破甲弹弹丸	梯形装坑	上层:2 发某式 82 无破甲弹丸弹丸;中层:3 发某式 82 无破甲弹弹丸;下层:1 发某式 75 无破甲弹弹丸、1 发某式 82 无破甲弹弹丸、4 发某式 57 无破甲弹(放入底层中央位置)
3#	共 4 发:2 发旧式迫击炮弹、1 发 57 高榴弹弹丸、1 发 105 加农炮榴霰弹弹丸	立式装坑	口部收拢取平
4#	导爆索 720m	梅花状装坑	每层三卷呈梅花状摆放,共码放 12 层

(四)引爆炸药放置

1. 基本作业方法

将引爆炸药放置在弹药堆顶部中央,并通过填土方法使引爆炸药放置稳固。

2. 主要技术要求

(1) 200g 块状 TNT 炸药用作起爆药,将其捆扎成方柱形,纵向尺寸大于横向尺寸。

(2) 每坑起爆炸药用量 8kg。

(五)填土掩埋

1. 基本作业方法

引爆炸药包放置完毕后,用铁锹铲土将弹药堆顶和炸药包周围用土掩埋直至与炸药包顶部齐平。

2. 使用工具

工具:每坑配备铁锹 2 把。

3. 主要技术要求

(1) 引爆炸药柱顶端应外露。

（2）在填土掩埋时,应注意避免弹药和引爆炸药柱移位,并不得使之受到冲击。

（3）填土掩埋完毕后,除点火人员之外,其他人员一律撤至指定安全地点。

（六）点火线路布置

1. 基本作业方法

（1）×××、×××将点火干线布放于人员掩体与作业区之间。

（2）×××、×××将8个电雷管用导线串联后与干线相连,组成串联点火线路。连接好后的串联点火线路应如下图所示,此时各坑的起爆雷管距爆破坑2m以外。

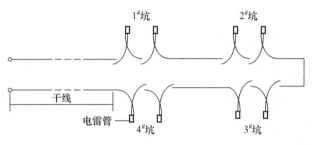

串联点火线路示意图

（3）×××、×××在人员掩体内用 QJ41 型电雷管检测仪对全线路进行导通检查,并测定全线路的总电阻,与预计电阻值相对照。若线路不通,则分段测试排除故障。

（4）全线路连接,检查完毕并确认导通情况良好后,×××向×××报告,以待指挥员发布准备点火的信号。

2. 使用工具和器材

工具:干线 200m、支线若干、电雷管 8 个、QJ41 型电雷管检测仪 1 个、电工用黑胶布 1 卷。

3. 主要技术要求

（1）干线距离爆破坑至少应在 10m 以上。

（2）支线汇接于干线以后,未得到"点火准备"命令之前电雷管不得插入引爆炸药中。

（3）在布线和检查线路期间,电点火机不得接入点火线路。

（七）点火起爆

1. 基本作业方法

（1）"准备点火"的信号发布后，×××负责将 1#坑、2#坑的起爆电雷管插入引爆炸药中，×××负责将 3#坑、4#坑的起爆电雷管插入引爆炸药中。

（2）×××、×××撤离到人员掩体内，再次用电雷管检测仪作一次全线路导通检查。

（3）确认全线路导通正常后，由×××向×××报告"点火准备完毕"，然后×××向总指挥报告、请示是否点火。

（4）收到总指挥"点火"命令后，×××发射红色信号弹 3 发；之后，×××实施点火起爆。

2. 使用工具

工具：QJ41 型电雷管检测仪、78 式电点火机。

3. 主要技术要求

（1）点火必须在指挥所发出点火命令之后才能进行。

（2）若接电后不爆，则应重新操作一遍。当仍不爆时，先取下点火机转柄，再从接线柱上拆下干线端头，分别检查线路、电源和操作等，排除故障后，重新操作起爆。

（3）爆炸后，得到指挥所的命令后，点火人员才能走出掩体。

（八）炸坑清理

1. 基本作业方法

（1）在作业组长的带领下，作业人员分散开，从四周逐渐走向爆炸作业中心，边走边查看、收集未爆炸的弹药或爆炸不完全的弹药和带炸药的弹片。

（2）×××、×××、×××、×××分别重点检查 1#~4#爆破坑的炸毁情况。

（3）如果发现未爆弹、半爆弹，应重复步骤（一）~（八）的操作直至将其全部炸毁。

2. 使用工具

同（一）~（八）。

3. 主要技术要求

对火场清理一定要认真细致，严防留下爆炸、燃烧元件或未爆弹。

（九）剩余爆炸品处理

剩余爆炸品主要是起爆用电雷管和起爆用炸药，返回前应将其炸毁。

1. 基本作业方法

（1）将起爆用炸药用胶带纸捆成炸药柱状。

（2）按上述（一）、（三）、（六）、（七）和（八）的作业方法将其炸毁。

2. 使用工具

工具:铁锹 2 把、导线（干线）200m、支线若干、QJ41 型电雷管检测仪 1 个、78 式电点火机 1 个、电工用黑胶布 1 卷。

3. 主要技术要求

同上述（一）、（三）、（六）、（七）和（八）作业方法中的技术要求。

附录 A-3　突发涉弹事件总体应急预案（节略稿）

××部门突发涉弹事件总体应急预案（草）

一、总则

（一）编制目的与依据

为提高××部门保障平时弹药工作和涉弹行动的安全及处置突发涉弹事件的能力,最大程度地预防和减少突发涉弹事件及其造成的危害,依据《中华人民共和国突发事件应对法》和《中国人民解放军安全条例》等法律法规,编制本预案。

（二）适用范围

本预案适用于××部门组织或协助实施突发涉弹事件应对工作的技术支援。

本预案指导××部队的突发涉弹事件应对工作,恐怖暴力袭击引发的突发涉弹事件除外。

（三）事件分类

本预案所称突发涉弹事件是指突然发生的涉及弹药,已经造成或可能造成人员伤亡、装备财产损失和社会危害的紧急事件。

本预案所称弹药,包括××部队储存或使用的各类弹药导弹和地雷爆破器材。

根据事件的引发过程和原因,突发涉弹事件主要分为以下 4 类:

（1）事故案件引发,主要包括弹药生产、改制、检测、试验、维修、销毁、使用及装卸运输、储存保管过程中发生的弹药燃烧爆炸事故、交通事故和盗抢丢失案件,以及由此引起弹药损毁、摔落、抛撒、流失等可能影响弹药安全、产生社会危害的突发事件。

（2）自然灾害引发，主要包括地震灾害、地质灾害、洪灾、火灾、雷击等自然灾害引起的弹药塌垛摔落、掩埋、冲失，以及其他可能威胁或影响弹药安全、产生社会危害的突发事件。

（3）使用故障引发，主要包括由于设计生产缺陷或操作不当引起的弹药使用中整装装定和装填困难，以及早发火、不发火、膛炸（含涨膛，下同）、炮口炸、弹道早炸、落点异常和未爆弹等严重故障，未造成事故但可能影响部队后续行动安全和有关弹药继续使用的突发事件。

（4）掩埋遗弃引发，主要包括部队行动中发现或施工中挖出、打捞和部队、居民捡拾上交的各种掩埋遗弃弹药或疑似弹药，未造成事故但后续处理可能造成事故的突发事件。

根据事件发生地点、行为主体、应对涉及范围和任务来源，突发涉弹事件主要分为下列5种情形：

（1）××直属部队突发涉弹事件，主要包括发生地点和行为主体属于××直属部队（包括企业单位，下同），需要包括××部门在内的××机关多个部门共同应对的突发涉弹事件。

（2）战区内××部队突发涉弹事件，主要包括发生地点和行为主体属于同一战区（含新疆、西藏军区，下同）××部队，需要包括战区××部门在内的战区××机关多个部门共同应对的突发涉弹事件。

（3）跨战区××部队突发涉弹事件，主要包括发生地点和行为主体属于不同战区××，需要多个战区××部门参加、××部门协调应对的突发涉弹事件。

（4）跨军种部队突发涉弹事件，主要包括发生地点或行为主体不属于××，需要××部门和部队协助应对的突发涉弹事件。

（5）地方突发涉弹事件，主要包括发生地点和行为主体不属于军队，需要××部门和部队协助应对的突发涉弹事件。

本预案所称行为主体，是指对发生突发事件的某项工作或行动负有组织实施责任的有关部门和单位。

（四）事件分级

各类突发涉弹事件按其严重程度和处置风险，一般分为下列4级：

（1）Ⅰ级（特大），已经造成或可能造成特大事故；或者处置风险特大，可能造成15人以上死亡或40人以上重伤或装备财产巨大损失（价值2亿元以上）。

（2）Ⅱ级（重大），已经造成或可能造成重大事故；或者处置风险重大，可能造成6~14人死亡或20~39人重伤或装备财产重大损失（价值1000万~

2亿元)。

(3) Ⅲ级(较大),已经造成或可能造成严重事故;或者处置风险较大,可能造成2~5人死亡或11~19人重伤或装备财产较大损失(价值100万~1000万元)。

(4) Ⅳ级(一般),已经造成或可能造成一般事故;且处置风险一般,可能造成1人以下死亡或10人以下重伤或装备财产一般损失(价值100万元以下)。

(五) 工作原则

(1) 以人为本,减少危害。切实履行安全管理职责,把保障部队官兵和人民群众生命财产安全作为首要任务,最大程度地减少突发涉弹事件及其造成的人员伤亡和危害,最大程度地保护处置人员的安全和健康。

(2) 预防为主,常抓不懈。高度重视弹药安全工作,常抓不懈,防患于未然。牢固树立风险意识,坚持预防与应急相结合,常态与非常态相结合,切实做好应对突发涉弹事件的各项准备工作。

(3) 统一领导,分级负责。在××部门统一领导下,建立健全分类管理、分级负责、属地管理为主的××部门突发涉弹事件应对工作管理体制;在各级党委领导下,实行分管领导责任制。

(4) 依法规范,科学管理。依据国家和军队有关法律法规,加强应对工作管理,维护部队官兵和人民群众合法权益,保障部队涉弹工作和行动安全顺利,促进应对突发涉弹事件工作规范化、科学化、制度化。

(5) 快速反应,协同应对。建立能够就近、就力、就速动用军内外专业应急力量的联动协调制度,形成统一指挥、反应灵敏、功能齐全、协调有序、运转高效的应对工作管理机制。

(6) 加强建设,提高能力。加强弹药安全管理与应急处置相关的科学研究和技术研发,采用先进的预测预警、安全防护、应急处置技术和手段,加强应急处置和专家队伍建设,提高应对突发涉弹事件的科技水平和执行能力,避免发生意外次生、衍生事件;加强弹药安全管理和应急处置相关的知识普及和训练演练,提高部队官兵自救、互救和应对突发涉弹事件的综合素质。

(六) 应急预案体系和预案内容

1. 应急预案体系

××部门突发涉弹事件应急预案体系包括:

(1) 部门总体应急预案。部门总体应急预案是××部门突发涉弹事件应急预案体系的总纲,是××部门和部队应对突发涉弹事件的规范性文件。

（2）部队分类应急预案。部队分类应急预案是为应对某一类型或某几种类型突发涉弹事件，由××部队根据总体应急预案和部队实际情况制定的应急预案，如弹药燃烧爆炸、交通运输事故和盗抢丢失案件应急预案，以及火灾、洪灾应急预案等。

（3）专项综合应急预案。专项综合应急预案是为应对专项工作和行动中的可能突发涉弹事件，由组织实施部门和单位制定的应急预案，如弹药机动销毁、实弹实爆试验、实弹训练演习应急预案等。

2. 应急预案内容

通常包括下列内容：

（1）适用范围，明确预案适用的机关部门和部队、专项工作或行动，分类预案还应明确适用事件的类型。

（2）情况设想，对可能发生的事件类型（分类预案除外）、等级和具体情形等情况做出设想。

（3）力量编成，明确负责应对工作的组织领导、预测预警，以及应急处置与保障的部队（分队）和人员编成及装备器材配备。

（4）任务分工，明确各种应急力量的基本任务、主要职责、相互关系、协同办法。

（5）应对方法，根据各种设想情况，明确预测预警和应急处置的一般措施及具体程序、方法、要求。

（6）保障措施，明确预测预警和应急处置所需装备、器材、物资、医疗、通信、交通、技术、经费、法律等保障措施。

（7）训练演练，明确预案专业训练、综合演练和修改完善的时机、程序、方法、要求。

二、组织体系与分工

（一）领导机构

1. ××部

××部归口领导××部门和部队突发涉弹事件应对工作的技术支援。在分管副部长领导下，由相关业务局分工负责不同类型和等级突发涉弹事件应对工作的技术支援，主要履行事发技术原因分析、现场弹药处理相关的信息汇总报告、专业力量调配和综合协调职责。根据上级指示，派出工作组协助或指导有关工作，履行上级要求的其他职责。分工如下：

（1）A局：负责××部队执行装备研制鉴定试验、部队试用任务中发生的各级突发涉弹事件应对工作的技术支援。

（2）B局：除负责 A 局分工之外，××直属部队和跨战区、跨军种部队发生的各类各级突发涉弹事件，以及战区内××部队和地方发生的特大、重大等级各类突发涉弹事件应对工作的技术支援。

2. 战区××部

战区××部门归口领导本战区××部队突发涉弹事件应对工作的技术支援。在分管副部长领导下，相关业务处按照职责分工，具体负责战区内陆军部队较大和一般等级的突发涉弹事件应对工作的技术支援，主要履行事发技术原因分析、现场弹药处理相关的信息汇总报告、专业力量调配和综合协调职责。根据上级指派，参加涉及本战区陆军或需要本部门协助的其他突发涉弹事件应对工作，履行上级要求的其他职责。

3. 部队

部队分管安全的机关牵头、分管后勤和装备的机关参加，领导本部队突发涉弹事件应对工作。在部队分管首长领导下，负责本部队发生的突发涉弹事件应对工作，主要履行预测预警、信息报告、先期处置和有关保障职责；根据上级指派，参与涉及本部队或需要本部队协助的突发涉弹事件应对工作，履行上级要求的其他职责。

（二）专业应急机构

××部直属弹药销毁机构和战区弹药销毁机构是××部门应对突发涉弹事件的专业应急机构，根据上级指派，主要履行事件现场弹药清理鉴定和收集移运的技术指导、销毁处理的组织实施职责。

（三）专家组

××部和战区××部建立包括弹药、引信、火工品、火炸药、交通运输、建筑工程、地质、气象、水文等各类专业人才在内的专家库，可以根据需要聘请有关专家组成专家组，为突发涉弹事件应对提供决策建议，必要时参加应急处置和后续处理工作。

三、运行机制

（一）预测预警与应急准备

各级××部门和部队，应当针对可能发生的突发涉弹事件，完善预测预警机制，建立预测预警系统，开展风险评估，准确预测、科学评估、及时报告、迅即准备，做到早发现、早报告、早准备。

1. 预测

组织实施涉弹专项工作和行动的××部门和部队，承担弹药储存保管、装卸运输，以及弹药生产改制、检测试验、维修销毁任务的部队，应当根据任务特点,以及部队周边和沿途社会环境、地质气象实际,跟踪掌握当地发布的地质气象灾害预警和有关通报,及时进行安全形势分析和安全风险评估,预测可能发生的突发涉弹事件的类型、情形和等级。

2. 预警发布和报告

根据预测结果,对可能发生和可以预警的突发涉弹事件,经××部门所属机关或部队军政首长共同批准,由安全主管部门发布预警信息并报告上级机关。

预警级别与事件等级一致,划分为4级:Ⅰ级(特大)、Ⅱ级(重大)、Ⅲ级(较大)和Ⅳ级(一般),依次用红色、橙色、黄色和蓝色表示。

预警信息包括突发涉弹事件的类别、预警级别、起始时间、可能影响范围、警示事项、应采取的措施和发布部门等。

预警信息的发布、调整和解除应当在符合保密要求的前提下,以适当方式通知并报告至有关部门和部队(分队)。

(1)蓝色预警:通知至执行任务以及负有应急处置责任的有关部队(分队),报告至师(旅)级机关的安全管理部门和装备管理部门。

(2)黄色预警:通知至执行任务以及负有应急处置责任的有关部队(分队),报告至军级机关的安全管理部门和装备管理部门。

(3)橙色预警:通知至执行任务以及负有应急处置责任的有关部队(分队),必要时通告友邻部队,报告至战区级机关(含新疆、西藏军区机关,下同)的安全管理部门和装备管理部门。

(4)红色预警:通知至执行任务和负有应急处置责任的有关部队(分队),必要时通告友邻部队和地方政府,报告至军委机关的安全管理部门和装备管理部门。

3. 应急准备

承担弹药储存保管和装卸运输,实施弹药生产改制、检测试验、维修销毁,以及执行实弹射击(含投掷,下同)等涉弹任务的部队,应当根据预案要求,保持应急处置力量和人员在岗在位并安排干部值守,必要时伴随部队行动。

接到预警通知或报告的装备部门和部队,应当根据预警信息和相关预案要求及分工,在按规定要求上报的同时,迅速完成应急动员和准备工作,确保应急处置力量及时集结、随时待命、按时抵达。

组织实施涉弹专项工作和行动的装备部门和部队,以及接到预警报告的上级机关,在形势敏感、社情紧张、灾害易发等时段和地域及自身应对能力不足等情况下,可能时应当调整或暂停有关任务。

(二)应急处置

1. 信息报告

突发涉弹事件发生后,现场人员应当立即报告本单位领导,事发单位必须立即查核并上报事件初始情况,主要报告发生事件的单位、时间、地点、类别、过程、人员伤亡等。

一般和较大等级事件应当在2h内上报至军级、战区级机关,较大等级事件还应当报告至军种机关;已经造成人员死亡或失踪的,以及重大和特大事件应当在4h内上报至军种机关和军委;随后掌握查证和处置进展情况应当随时续报。

2. 现场指挥

突发涉弹事件发生后,接报部队和机关应当在权限范围内或根据上级要求,迅即派员或工作组前往现场组织指挥应急处置,必要时设立现场指挥机构。

一般和较大等级事件,以及应急处置动用力量较少、持续时间较短的其他等级事件,由事发部队领导负责现场指挥;异地发生但事发部队领导难以及时赶往现场或需要就地动用应急力量时,由事发部队上级机关就近指派部队领导负责现场指挥。必要时,可根据需要开设应急处置指挥所。

应急处置所需动用力量较多、持续时间较长的特大和重大等级突发涉弹事件,事发地战区军种(含)以上机关可以根据需要建立由相关部门和部队、地方领导参加的应急处置指挥部。

现场指挥员或应急处置指挥部(所),主要负责应急处置的现场指挥和协调;根据需要,指挥部(所)通常下设现场指挥组、伤员救护组、抢险救援组、警戒封控组、救援保障组、善后处理组等,分工负责具体工作。应急处置结束或相关危险因素消除后,应当将指挥关系移交负责后续处理的有关部门或部队,应急处置指挥部(所)相应撤销。

在现场指挥机构暂未建立的情况下,到达现场的有关部门和部队,应当按照"下级服从上级、后到服从先到"的原则,自动形成指挥关系,通常由事发地附近部队负责先期处置的现场临时指挥。

3. 先期处置

(1)事故案件和自然灾害引发的突发涉弹事件。

根据实际情况,视情采取下列先期处置措施:

① 自救互救。造成或可能造成人员伤亡的,事发现场人员应当组织自救

互救,迅速脱离险境,及时发出求救信号,设法与外界联系;出于避免更大人员伤亡和其他重大危害发生需要,或者能够保证自身安全时,应当优先抢救危重伤员、搜寻遇险失踪人员,利用就便器材处置险情;保存人员体力,稳定思想情绪,消除恐惧心理;集中管理使用通信工具、食品、饮水等物资,降低消耗。

② 启动应急预案。事发单位以及接到救援请求的单位领导,接到事发报告或请求后,应当根据事件类型、级别等情况,在向上级机关报告的同时,决定或报请单位党委决定,及时下达启动相关预案命令,既不能坐失救援良机,也要防止草率从事。

本单位应急力量不足或者难以及时赶到事发现场时,事发单位应当立即通过上级机关紧急指派当地驻军或动员社会力量,在应急处置指挥部(所)的统一指挥下实施救援。

③ 出动应急力量。启动预案命令下达后,有关部队(分队)应当根据命令和预案要求,按照职责分工,迅速组织所属人员,携带有关装备、器材和物资,尽速赶往指定地点,执行预先分工或现场指派的救援任务。

④ 现场封控与交通管制。发生在人口密集区附近和公共交通道路上且存在弹药燃烧爆炸或流失可能的,应当根据需要划定危险区和警戒区,合理安排警戒力量,通报并请求地方政府组织现场封控和交通管制;发生在部队内部场所时,事发单位应当自行组织现场封控和交通管制,必要时,请求友邻部队协助。

⑤ 人员疏散与救护。造成人员伤亡,以及事发现场或周边人员较多且存在弹药后续燃烧爆炸可能的,应当组织危险区以内有行动能力的非救援人员迅速撤离现场,必要时,由地方政府组织危险区以内居民疏散;对丧失行动能力的伤员,应当立即进行必要的急救并视情后送医院救治,对死亡人员的遗体应予妥善处理,并送至适当地点保存;对遇险失踪人员应当全力尽速搜救。

⑥ 险情处置。对可能威胁或影响弹药安全的火灾,应当迅即组织消防力量,全力尽速扑灭火灾,必要时开辟隔火带,阻止火势蔓延至弹药库房;对可能威胁或影响弹药安全的洪灾,应当迅即组织抗洪力量,全力尽速加固防洪设施,阻止水势及可能引起的塌方、泥石流等威胁弹药库房;事发现场发生火灾,或者存在电气线路短路、燃气管道泄漏、供水管道破裂,以及塌方体滑移、建筑物倒塌、弹药后续燃烧爆炸可能等险情时,应当在准确判明抢险时间、确保抢险人员安全的前提下,组织灭火和断电、断气、断水及塌方体清理、建筑物加固、弹药转移等险情处置,必要时构筑爆炸防护屏障,防止发生次生或衍

生事故,避免危害扩大。

⑦ 现场保护。在现场救援基本完成、态势基本稳定的情况下,应当重新划定现场封控和交通管制范围,解除部分封控和管制,对涉及后续事故案件调查和善后处理的区域,应当加强警戒控制,妥善保护现场、物证和需要后续处理的现场弹药等,严防无关人员进入,严防现场弹药流失,严禁故意破坏现场和物证;对可能的有关责任人应依法予以适当控制或保护,严防责任人员逃匿或发生意外。

(2)使用故障引发的突发涉弹事件。

根据实际情况,造成事故的按上面(1)采取先期处置措施,未造成事故的通常采取下列先期处置措施。

① 启动预案,调整行动。实弹使用中发生或发现故障,现场人员应当立即报告使用分队领导,分队领导逐级或直接报告至现场部队最高指挥员。指挥员应当迅速判明险情,根据情况决定启动相关预案,根据预案要求通知应急处置部队(分队)和有关人员出动,命令有关部队(分队)调整或暂停行动。

对出现早发火、膛炸和炮口炸,以及多次出现其他使用故障的弹药,应当暂停该弹药在本次行动中的使用;出现弹道早炸或落点异常时,应当暂停射击,调整射向、射界或人员装备部署,确保人员装备位于安全区之后方可恢复射击,在无法设定安全区时,应当暂停该弹药在本次行动中的使用;当出现未爆弹时,应当调整部队(分队)后续行动路线,避开落点或落弹区域,无法避开时应当暂停有关行动,同时保持或适当调整落弹区安全警戒。

② 出动力量,处置隐患。当出现弹药整装装定或装填困难时,使用人员应当根据兵器操作规程,迅速检查、排除可能的装备故障或更换弹药,不得强行操作;当出现不发火时,使用人员应当根据兵器操作规程,迅速退弹并检查、排除可能的装备故障,重新装填后再次射击,再次射击仍不发火时应当退出并更换弹药,退弹困难时不得强行操作,应当在弹药专业人员指导下由使用分队组织退弹,或者留待后续处理;当出现未爆弹时,应当出动销毁分队,安排警戒和搜寻力量,按照"就地、彻底、销毁"的原则和预案要求及操作规程,在部队行动暂停或当天行动结束后,及时组织完成搜寻和炸毁,一般不得移动未爆弹,严禁捡拾、玩弄、收藏或掩埋、遗弃未爆弹,未彻底完成未爆弹销毁的,有关警戒不得撤除,不得对未爆弹落弹区域再行射击。

③ 设置看守,保护现场。对出现早发火、膛炸、炮口炸和多次不发火等故障及退弹困难等情况,需要进行原因调查等后续处理的有关装备,应当设定保护区,组织力量现场看守,禁止无关人员进入,保持有关装备、残片等物证

和现场处于事发当时原状。同时,通知有关使用和观测人员待命配合调查。

(3) 掩埋遗弃引发的突发涉弹事件。

根据实际情况,在及时上报的同时,造成事故的按(1)采取先期处置措施;未造成事故的,视情采取下列先期处置措施。

① 严格接收,妥善保管。对部队、居民捡拾上交的遗弃弹药,应当由部队装备主管机关组织初步技术鉴定,清点、登记上交弹药品种数量,核查、登记上交人员身份、联系方式等信息,履行签字等交接手续后方可接收;进行必要的包装标识处理后,就近移送弹药库分库单独存放。

对部队行动中发现或施工中挖出、打捞的少量掩埋遗弃弹药,事发部队应当立即调整有关行动或暂停施工,由部队装备主管机关现场组织初步技术鉴定,清点、登记弹药品种数量。确认能够保证短途汽车运输安全的,履行签字等交接手续后予以接收;进行必要的包装标识处理后,就近移送弹药库分库单独存放。确认不能保证或不能确认能够保证短途汽车运输安全的,应当布置现场警戒严加看管,留待后续处理。

② 加强警戒,严密看管。对部队行动中发现或施工中挖出、打捞的大量掩埋遗弃弹药,事发部队应当立即调整有关行动或暂停施工,合理设定警戒区域,加强警戒,严防无关人员进入现场,严防弹药流失,必要时请求地方政府协助实施现场封控。

(三) 后续处理

当应急处置结束、现场态势受控时,应当转入后续处理阶段,由接报最高机关或其委派的事发部队上级机关成立的调查组或工作组现场组织指挥,负责必要的事发原因调查和责任追究、现场清理、安抚理赔等善后工作。装备部门根据上级机关指派,主要组织或协助进行事发技术原因分析、事发现场弹药处理和事件相关弹药处理等后续处理的技术支援工作。

1. 事发技术原因分析

对弹药燃烧爆炸事故和使用故障引发的突发涉弹事件,必须进行技术原因分析。一般应当成立由弹药领域有关专业专家、弹药设计生产单位和事发部队专业人员参加的专家组,在调查组或工作组的领导下,具体负责技术原因分析,组长应由相关单位以外的权威专家担任。

专家组应当秉持尊重事实、尊重科学、公平公正的立场,通过现场查看、人员询问、资料调阅,必要且可行时组织相关弹药性能检测进行查证,充分收集各种证据,确保证据真实完整、证据链闭合;通过理论分析和计算,必要且可行时组织复现试验或模拟试验进行验证,准确、客观地揭示事发过程和机理,全面、深入地分析事发技术原因,确保分析结论科学可信。

当需要组织弹药性能检测、复现或模拟试验时,专家组应当制订实施方案,明确检测试验目的,组织领导与人员分工,检测试验项目及所需弹药品种数量与选样要求、场地设备与器材,作业程序、方法与要求及安全注意事项,防护措施与保障要求等,必要时制定操作规程。报经调查组或工作组批准后,在专家指导下,由部队或其上级机关调集的专业人员组织实施。在实施过程中,必须严密组织、严守规程、严加防范,确保作业安全、数据可靠、进度受控。

工作结束后,专家组应当独立撰写并提交技术分析报告,主要包括事发过程及有关弹药基本情况、起爆源或失效源分析、弹药安全性或可靠性调查分析、弹药燃烧爆炸或失效发生的可能情形、事发技术原因调查分析与结论、专家组组长签字等内容,并附专家组名单(签字)、必要的证据材料及计算和检测试验数据。

2. 事发现场弹药处理

根据实际情况,事发现场弹药处理可能包括抛撒弹药搜寻、掩埋弹药清理,弹药技术鉴定、包装加固与标识、短途移运、临时储存和销毁处理,以及后续处理所需的安全警戒和应急准备等任务。

对事故案件和使用故障引发的突发涉弹事件,现场弹药处理应当在调查结束后进行;对自然灾害和掩埋遗弃引发的突发涉弹事件,现场弹药处理应当在先期处置结束后进行。特殊情况下,现场弹药处理应与塌方体清理、建筑物加固等先期处置中的有关险情处置交叉进行。

现场弹药处理的组织指挥,应当由接报最高机关装备管理部门或其委派的事发部队上级机关负责,可能时由调查组或工作组一并负责。

现场弹药处理应当遵循下列原则:

(1)专案原则。每次处理,不论数量大小,都必须专门制订方案,情况复杂时还应当分阶段针对不同处理措施制订技术方案。方案通常包括事件基本情况与险情研判、处理措施与进度安排、场地路线选择与装备器材选用、处理风险评估与防范措施、组织领导与人员分工、实施要求与保障等内容,必要时附应急预案和操作规程。

(2)防范原则。在方案制订和实施过程中,必须明确并严格落实安全要求,既要采取有效防范措施防止弹药意外爆炸或流失,又要立足意外爆炸发生预备应急力量,将可能产生的危害控制在能够接受的程度。

(3)最小原则。科学选用作业方法,合理安排作业工序和进度,在满足作业需要和现场条件允许的前提下,尽量使现场作业人员数量和弹药存放量降低到最小。

(4) 指导原则。制订方案和每次作业,一般应有技术专家指导;作业难度大、风险高的关键工位,应当由具备相应资质的专业人员操作。

(5) 报告原则。所有方案、预案,都应按规定上报批准后方可实施。在实施过程中,应当定时报告,发生紧急情况时应当立即报告;遇有预测不到或不可抗力因素时,现场指挥员应当临机决策、及时报告;整个处理工作结束后应当及时总结报告。

现场弹药处理一般程序如下。

(1) 摸清底数。要尽可能弄清待处理弹药的品种、数量、生产诸元、配套情况、包装情况、安全状态及所处位置、履历(来源及储存、转运)、现场险情等,还要勘察有关道路和场地,掌握事发现场和拟选作业场地的周围环境等有关情况。

(2) 制订方案、预案并报批。根据弹药、场地情况和现有技术条件等,制订详细、可行的处理方案和应急预案,并按规定报批。

(3) 准备。根据上级批复的方案、预案,进行必要的准备工作,主要包括处理作业和应急所需装备设备、工具器材、材料、车辆等准备,人员培训与动员教育,与地方公安、交管等部门和相关友邻单位联络协调等。

(4) 实施。准备就绪后,按方案要求具体实施现场弹药处理及必要的安全警戒、现场封控与交通管制、应急力量就位等。每天作业前,现场指挥员应当对作业准备情况进行检查并做动员部署。

(5) 检查验收。每天和整个处理工作结束后,现场指挥员应当对照方案要求,对实施结果进行检查验收和当天作业小结讲评。

(6) 总结上报。整个处理工作结束后,负责组织指挥的部队或机关应当进行总结,并以书面形式上报。

3. 事件相关弹药处理

通过技术原因分析,确认或不能排除由于弹药或其元件的设计生产缺陷造成燃烧爆炸事故或严重使用故障时,与该弹药或配用与该元件相同批次或相同生产厂或相同型号的其他弹药,应当由军种装备部门组织专家,根据具体情况研究提出继续使用或待修、限用、停用、禁用、报废、型号退役等处理意见,按规定报批后执行。

(四) 信息发布

在突发涉弹事件应急处置和后续处理过程中,未经现场最高指挥员批准,任何单位或个人不得在现场采访、拍照、摄像。

任何单位或个人,未经授权不得擅自对外提供或传播事件相关信息。当已经引发社会关注、可能引起社会恐慌时,应当及时发布有关信息,进行舆论引导。信息发布通常由军委机关有关部门按照规定实施,必要时协调地方政府有关部门实施。

四、应急力量体系与保障资源

装备部门和部队应当按照职责分工和相关预案,坚持军队主导、军民融合,统筹协调、资源共享的方针,构建突发涉弹事件应急力量体系,做好装备物资、交通运输、医疗卫生、通信和经费等应急保障资源建设,保证预测预警、应急处置和后续处理工作的及时高效和安全顺利。

（一）应急力量体系

装备部门构建以军种专业应急机构和专家为依托、以地方专业应急机构和专家为补充,由军种直属弹药销毁机构和专家、战区军种弹药销毁机构和专家、部队应急分队（小组）、专项行动应急分队（小组）组成的突发涉弹事件应急力量体系,必要时动员地方有关专业应急机构和专家参与或协助应对。

（1）军种直属弹药销毁机构和专家。根据军种装备部指派,参与军种直属部队、跨战区军种部队、跨军种部队发生的,以及战区内军种部队和地方发生的需要军种装备部协助应对的突发涉弹事件有关处置工作,主要履行指导现场弹药清理搜寻和短途移运、实施技术鉴定和销毁处理、参与事发技术原因分析、提供决策咨询等技术支援职责。

（2）战区军种弹药销毁机构和专家。根据战区军种装备部指派,参与本战区军种部队发生的,以及其他战区军种、军种部队和地方发生的需要本战区军种装备部协助应对的突发涉弹事件有关处置工作,主要履行指导现场弹药清理搜寻和短途移运、实施技术鉴定和销毁处理、参与事发技术原因分析、提供决策咨询等技术支援职责。

（3）军种部队应急分队（小组）。军种部队应当根据部队分类应急预案要求,常设兼职的警戒观测、消防、救护、保障等应急分队（小组）,履行预案分工的有关职责。

（4）专项行动应急分队（小组）。组织实施涉弹专项工作或行动的军种机关和部队,应当根据专项综合预案要求,临时抽组警戒观测、消防、救护、保障等应急分队（小组）,履行预案分工的有关职责。

（5）地方专业应急机构和专家。军种各级装备部门和部队,应当根据自身实际,协调地方政府有关部门建立联动协调机制,保证必要时能够快速有效地动员地方专业应急机构和专家。

（二）装备物资保障

军种装备部门和部队应当根据筹措分工和相关预案的要求，为所属突发涉弹事件应急力量研制配备专用装备、设备和仪器，购置配备通用装备、设备、仪器、器材等，调运配发或投送难以自备的生活物资。

（三）交通运输保障

保障部门和部队应当加强与军交运输部门及地方有关部门的协调，保证紧急情况下应急交通工具的优先安排、优先调度、优先放行，确保运输安全通畅；必要时，应当根据国家有关法律规定征用社会交通工具，确保应急装备物资和人员能够及时、安全送达。

根据应急处置需要，对现场及相关通道实行交通管制，开设应急救援"绿色通道"，保证应急救援工作的顺利展开。

（四）医疗卫生保障

后勤部门和部队应当加强与军队和地方医疗卫生部门及驻地医疗机构的协调，根据需要请求调派医疗卫生专业应急力量，及时赶赴现场实施医疗救护、疾病防控等卫生应急支援工作，及时提供药品、器械等卫生医疗设备，及时安排入院救治。

（五）通信保障

装备部门和部队应当加强与军队及地方通信部门的协调，建立有线与无线相结合、基础电信网络与机动通信系统相配套、及时高效与安全保密相协调的应急通信系统，确保通信畅通安全。

（六）科技支撑

装备部门应当积极开展弹药安全管理和应急处置相关的科学研究，加强突发涉弹事件预测、预警、预防和应急处置技术的研发，编印配发有关图书和教学资料，不断改进弹药安全管理和应急处置的决策指挥能力和技术装备水平。

（七）经费保障

装备部门和部队应当在预算中安排适当比例的经费，用于应急力量建设、预案训练演练和预测预警，预备突发涉弹事件应急所需。

五、监督管理

（一）预案演练

装备部门和部队应当结合自身的任务特点，有计划、有重点地组织有关部门和部队（分队）对突发涉弹事件应急预案进行分类或综合演练。发现问题,及时修改完善相关预案。

（二）教育与培训

装备部门和部队应当将突发涉弹事件预防及应对相关知识法规教育与技能培训纳入年度训练计划,根据自身任务特点,通过弹药知识和法规制度普及、事故案例教育和应急救援技能培训,提高部队官兵的安全意识、责任意识和自救、互救能力;通过对应急处置人员的培训,提高应急处置的组织指挥能力和专业技能。

（三）责任与奖惩

突发涉弹事件应急工作实行责任追究制。

对在突发涉弹事件预测预警、应急处置和后续处理工作中做出突出贡献的单位和个人,依照《中国人民解放军纪律条令》的有关规定,给予表彰奖励。

对迟报、谎报、瞒报和漏报突发涉弹事件的重要情况,或者在应急工作中有其他失职、渎职等行为的,依照《中国人民解放军纪律条令》的有关规定给予纪律处分;构成犯罪的,依法追究刑事责任。

六、附则

（一）预案管理

根据实际情况的变化,以及部队执行过程中发现的问题,及时修订本预案。

战区军种装备部和部队,在执行本预案过程中,发现问题或有修改意见、建议的,应当及时反馈至军种装备部。

（二）解释权

本预案由××部负责解释。

（三）实施时间

本预案自印发之日起实施。

附录 A-4   山体滑坡险情与弹药后续处理方案（节略稿）

××装备仓库山体滑坡险情及弹药处置方案

根据军委××部首长指示精神,为积极稳妥、安全可靠地完成××武器装备仓库山体滑坡险情及弹药处置,制订本方案。

一、基本情况

（一）仓库情况

略。

（二）受损情况

见第 7 章,略。

（三）险情研判

根据上述情况和有关弹药结构组成的分析,此次滑坡造成现实和潜在的危险主要如下:

（1）库存弹药温湿度环境处于失控状态,并且不能排除滑坡体垮塌、建筑物进一步受损的威胁,严重影响仓库的正常工作、生活秩序,大幅增加仓库安全管理压力。

（2）受损但未被埋压的无坐力炮弹,根据引信作用原理和主要受力情况,考虑到未发现发动机点火迹象等情况,初步判断引信解除保险的可能性不大,但不能排除由于生产制造缺陷和长期储存期间勤务作业造成引信解除保险的可能;同时,考虑到该引信采用压电发火方式,即使解除保险如果无足够轴向撞击或静电作用,也不会引起引信发火。迫击炮弹所配用的引信,因为处于出厂装定状态且未发生塌垛,解除保险的可能性极小。所以,受损未被埋压的弹药在采取防跌落、撞击以及防静电等措施的前提下,可以满足短途移运安全要求,但难以保证长途运输安全。被埋压的弹药安全状况,需要结合处置过程根据受损情况进一步鉴定。

（3）部分受损严重无坐力炮弹,不能排除进一步受到滑坡体及建筑物垮塌的冲击作用,有可能引起引信解除保险、发动机点火,甚至弹丸爆炸。

（4）弹药垛体、房屋和滑坡体相互支撑暂时稳定,其中一方移动或变形会引起整体失稳,引发次生灾害,进而危及弹药。

（5）滑坡体依托的山体和上方悬空的少量水泥喷浆护面体存在进一步

196

坍塌的可能,引发次生灾害威胁弹药安全,同时对处置过程构成威胁。

二、处置措施

根据上述情况,按照军委××部首长"同步展开、平行作业,刻不容缓、争取时效"和"严格加强现场警戒与防护,严防弹药流失引爆"的指示要求,本着"安全稳妥、先易后难、先外后内、不留隐患"的原则,按照滑坡体清理、库房加固、弹药清理转移、弹药后续处理4个步骤组织实施。

(一)滑坡体清理

为防止继续滑坡,确保不对弹药库房屋顶产生破坏性损伤和库房整体垮塌,采取机械与人工作业相结合,按照自上而下、分层施工,先清除6号库地段上方滑坡土体及可能对6号库产生影响的滑坡体,然后清除6号库周边滑坡土体的方式组织施工,施工过程中由专业机构全程实施监测。

(1)对滑坡后缘悬空、东侧有明显裂隙的土体进行人工清理,消除掉落隐患,防止砸伤施工人员。

(2)对滑坡面顶部3块滑落的混凝土面层进行人工破碎清理,通过绳索牵拉,人为控制碎块不滑向6号库。

(3)采用小型挖掘机,采取自上而下,逐级分层的方式,清除6号库地段上方滑坡土体,以及可能对6号库产生影响的滑坡体,每次清除厚度控制在2.0m范围内,所挖土体放置于坡脚处。

(4)采取人工与机械相结合的作业方式,清除6号库西侧和北侧滑坡土体,清理出进入库房的通道,为弹药清理搬运提供条件。

(5)在6号库相关作业完成后,按照自上而下的顺序,采取人工与机械相结合的作业方式,挖除3号库房北侧和东侧滑坡体,为3号库房垮塌北墙破拆创造条件。

预期上述作业需要工期约28天。

(二)库房加固

为防止6号库整体失稳向南倾覆,采取沿南侧墙体对应立柱位置,起砌3道砖混结构支撑墙垛,实施支撑加固;库内视清理情况随时采用支架对顶层和墙面进行加固。

(三)弹药清理转移

1. 枪弹库未受损枪弹转移

对于枪弹库(3号库)内未塌垛、包装箱完好的枪弹,按下列程序组织搬运转移另库存放。

(1)腾空1号库房。

（2）清理 3 号库内拆垛、搬运作业通道。

（3）将 3 号库未受损枪弹转运至 1 号库。

2. 枪弹库受损枪弹清理转移

对 3 号库内塌垛、挤压、掩埋的枪弹，在视情进行必要库房加固的情况下，按照由外及里、由上至下的顺序组织清理，并转移至 1 号库。

（1）清理转移库房门口附近跌落地面未受挤压的枪弹，清理出至北墙的工作通道。

（2）破拆垮塌、挤压在弹药垛上的北侧墙体，清理出工作通道。

（3）由上至下逐层清理掩埋在弹药箱上的泥土，搬出弹药。

（4）核对弹药数量，查找现场遗留弹药，防止弹药流失。

3. 炮弹库炮弹清理转移

对炮弹库（6 号库）内塌垛、挤压、掩埋的炮弹，在视情进行必要库房加固的情况下，按照由外及里、由上至下的顺序，在专家指导下组织清理，并转移至 5 号库。

（1）清空 5 号库。

（2）清理出 6 号库门口至北墙的工作通道。

（3）破拆垮塌、挤压在弹药垛上的北侧墙体。

（4）由上至下逐层清理掩埋在无坐力炮弹弹药箱上的泥土，搬出弹药转移至 5 号库，按照包装箱基本完好、包装箱破损但包装筒基本完好、包装筒破损 3 种情况分堆存放。弹体破损的不得搬运，待鉴定后另行处理。

（5）清理出无坐力炮弹的作业通道，按第（4）步方法处置。

（6）清理出迫击炮弹的作业通道，搬出弹药，转移至 5 号库。

（7）核对弹药数量，查找现场遗留弹药，防止弹药流失。

预期上述作业需要时间约 20 天。

（四）弹药后续处理

（1）枪弹。未受损的枪弹按堪用品要求继续储存保管，受损枪弹按报废弹药送销毁机构集中销毁处理。

（2）炮弹。全部报废，视情组织销毁处理。对包装筒受损及弹体破损的炮弹进行就近炸毁处理；对包装箱和包装筒基本完好的炮弹进行就地分解拆卸，引信就地组织烧毁处理，其他元件送销毁机构集中销毁。

预期上述作业需要时间约 10 天。

三、处置风险评估及防护措施

依据《中国人民解放军安全条例》有关要求，根据上述险情研判和处置措施,综合考虑各种不安全因素影响,本次处置的主要风险环节有 3 个:一是 6 号库掩埋挤压无坐力炮弹的清理鉴定;二是弹药分解拆卸作业;三是滑坡体清理。由于弹药安全状态难以逐一准确判定、作业过程中不确定因素较多、滑坡山体处于不稳定状态,在弹药清理鉴定与分解拆卸作业过程中存在个别弹药意外爆炸的可能,滑坡体清理作业过程中存在个别人员意外摔落的可能。考虑到 6 号库作业面积狭小和弹药分解作业所需要人数等实际情况,通过控制相关环节的作业人员数量,可以将意外发生时死亡人数控制在 5 人以内。根据《省军区部队安全风险评估暂行办法》,综合评估本次处置风险等级为较大风险。

(一)弹药自身的风险及防护措施

(1)枪弹。基本不存在燃爆可能,但存在丢失、遗漏风险,通过强化数量核对和作业现场清查,加强作业区出入人员检查,可以得到有效控制。

(2)迫击炮弹。弹丸 TNT 装药和发射药储存安全性较好,机械感度较低;引信处于出厂装定状态且未发生跌落,解除保险可能性极小;考虑到引信在包装箱内与弹体分开固定放置,即使在外力作用下引信意外发火,也不会引爆弹体装药。综合分析,该弹清理鉴定和分解拆卸(取出引信)发生意外燃爆的可能性极低,按规程作业并采取相应防护措施,相关作业环节安全风险可以得到有效控制。

(3)无坐力炮弹。弹丸装药及发射药和推进剂储存安全性较好,机械感度较低;引信解除保险的可能性不大,但不能完全排除;在引信解除保险的情况下,如果受到足够的轴向冲击或静电作用,存在点燃发动机或引爆弹丸装药的可能。因此,该弹清理鉴定和分解拆卸过程中,存在发生意外爆炸的可能。一旦发生意外爆炸,近距离作业人员安全无法保证。在作业过程中,必须采取稳拿轻放、严防撞击跌落、严控作业现场人员数量(不超过 5 人)等管理措施。

目前,尚有数量不清的弹药箱被墙体和滑坡泥土压埋,需要根据滑坡泥土清理情况进一步判定弹体受损情况和安全状态。按包装完整、包装受损、跌落、散落、弹体变形等情况,分类采取相应防护措施处置,可以有效降低风险,但不能完全排除意外情况。此外,弹药可能存在小概率的生产制造先天缺陷不可控风险。

(二)作业环境的风险及防护措施

滑坡山体还未完全进入稳定期,存在再次滑坡冲击库房隐患;3 号库房、6 号库房框架主体受损严重,目前状况虽然基本稳定,但在作业过程中清理土方或移动弹药可能造成库房失去支撑,存在坍塌的可能。因此,拟采取严密观察、严控现场人员数量、加固库房等措施,将可能发生的危害降至最低。

（三）作业过程的风险及防护措施

（1）清理压埋弹药的墙体和泥土。在清理过程中,可能存在机械振动、冲击、静电等外部作用,拟采取人工为主、机械为辅的作业方式,科学设计作业流程,严格防静电要求,控制作业进度和单次挖掘厚度、严禁野蛮作业等措施。

（2）弹药鉴定。在鉴定过程中,存在失手跌落、人体静电作用等危险,必须采取严防跌落、消除静电等措施。

（3）弹药短途搬运。在搬运过程中,存在人员摔倒、失手掉落造成摔箱掉弹的风险,拟采取清理道路、控制搬运量和人员行进速度等措施。

（4）弹药分解作业。在分解作业过程中,存在弹体螺纹滑扣、夹持掉弹、底火意外刺发、引信和弹药部件摔落,以及静电作用等风险,必须严格制订处理方案和分解作业规程,配备必要的专用设备。同时,采取作业工作台接地、加装防跌落装置、控制作业速度、严格定员限量等措施。

弹药烧毁、炸毁作业,交由专业机构处理。

（四）作业人员的风险及防护措施

这方面主要存在参加处置的作业人员专业素质不高、粗心大意、心理恐惧等因素,造成摔弹、违规操作、误操作等风险,拟采取岗前技能培训、教育管理、心理疏导等措施,保证作业人员掌握弹药结构组成与作用原理,以及机工具操作方法,提高心理素质和操作技能。

四、组织领导

为认真贯彻军委××部首长指示精神,妥善处置山体滑坡险情及弹药,成立××装备仓库山体滑坡险情及弹药处置指挥部,由×××任总指挥、×××任副总指挥,政治部×××主任、后勤部××部长、危爆品安全专家、建筑工程专家为成员,负责总体筹划、指挥、协调和实施。下设现场指挥组、专家指导组、滑坡处置组、弹药清运组、管理警戒组、军地协调组和综合保障组。此外,还需要协调专业机构成立弹药销毁组,负责危险弹药就地销毁工作。

1. 现场指挥组

组长:×××。

副组长:×××。

成员:危爆品安全专家,建筑工程专家若干人。

主要职责:处置工作现场的统筹计划、组织指挥、综合协调和临机处置等任务。

2. 专家指导组

组长:弹药安全专家1人。

副组长:建筑结构专家、弹药销毁专家各1人。

成员:弹药安全、弹药销毁、地质灾害处理、土方工程、建筑结构等专家5~7人。

主要职责:前期评估、方案制订和组织实施中的技术指导、技术鉴定等任务,并对临机突发情况提出专家建议。

3. 滑坡处置组

组长:×××。

副组长:×××。

成员:略。

工程施工单位负责人

视情配属施工作业人员,主要负责滑坡山体地质勘测、制订清理方案、现地土石方作业、受损库房加固等任务。

4. 弹药清运组

组长:×××。

副组长:×××。

成员:略。

视情配属清运作业人员,主要负责埋压弹药清理中的作业人员培训、器材机工具筹措和弹药搬运转运、统计清点、入库建账等任务。危险弹药处理的相关作业由弹药销毁组负责。

5. 管理警戒组

组长:×××。

副组长:×××。

成员:略。

主要职责:处置过程中的地方人员政治审查、舆情监控、危险区域清场、外围观察警戒、内部警卫执勤等任务。

6. 军地协调组

组长:×××。

副组长:×××。

成员:军地有关干部2人或3人。

主要职责:协调××市政府及国土、城建、气象、设计院等单位协助完成处置工作。

7. 综合保障组

组长:×××。

副组长:×××。

成员:有关干部和医生共5人。

主要职责:处置期间的食宿保障、医疗救护、影像留存、资料整理等任务。

五、保障措施

(1) 高度重视。山体滑坡险情及弹药处置工作,事关部队安全发展和社会稳定,一定要站在讲政治、讲大局的高度,深刻领会军委国防动员部首长的指示精神,充分认清处置工作的复杂性、重要性、危险性和长期性,切实增强责任感、使命感和紧迫感,加强组织领导,认真履职尽责,积极稳妥推进处置工作。严格执行请示报告制度,方案、计划均需报批后方可实施,工作进展情况要及时报告,重大事项要加强请示,各级领导要加强一线督导,及时研究解决问题,抓好各项工作的落实。

(2) 充分准备。认真搞好摸底排查,精细组织技术鉴定,切实掌握山体地质、库房受损、弹药状况等底数。科学研究筹划,研究制订详细的土方清理、房屋加固、弹药处置、警戒防卫、医疗救护等具体实施方案和各种意外情况临机处置预案。认真组织人员岗前培训和临机处置演练,提高作业人员的安全意识和专业技能,严格落实考核上岗制度。完善配套相关装备器材,提前做好运输工具、防静电服、防护头盔、销毁设备等准备工作。规范设置弹药销毁场地,按照技术规范选择合适地域,合理设置作业工间和场区。

(3) 严密组织。严格遵守作业规程和安全规定,土方清理、房屋加固要聘用地方有资质的单位进行施工,弹药清理搬运要选用技术熟练、经验丰富的人员操作,弹药销毁要由专业机构和技术专家现场组织,作业前要对机工具、人员装具等进行检测检查,弹药要稳拿轻放、避免磕碰,技术状态不明的危险弹药,要经专家技术鉴定后再进行处置。严格控制作业进程,坚决杜绝盲目赶进度,在条件不成熟或恶劣天气情况下,严禁作业。严格控制现场作业人员数量,炮弹清理鉴定和分解拆卸危险工位作业人员数量不得超过5人。

(4) 确保安全。牢固树立安全防范意识,坚决克服松懈麻痹、盲目蛮干等思想,时时想安全,处处抓安全,把安全预防工作贯穿处置工作全过程。严格落实安全责任,坚持一级抓一级,一级对一级负责,把安全责任细化落实到每个环节、每个岗位上。当需要外单位承担处置任务时,应当签订协议,划清任务界面、明确安全责任。加强跟踪督导,认真排查不落实安全规定、不按作业规程操作等问题,及时整改到位、消除隐患,确保处置全程安全顺利。

六、需上级协调解决的问题

(1)请专家予以全程指导。考虑到本部队没有弹药安全、销毁等方面的技术专家,加之处置工作时间紧、任务重,并且专业性、技术性要求高,请求上级协调相关专家全程予以指导。

(2)协调专业弹药销毁机构。经专家组勘察研判,埋压弹药状态不明,部分弹药需就地销毁,由于本部队无专业销毁力量,建议上级协调就近的专业销毁机构携带专业设备就近组织销毁。

(3)协调报批报废弹药销毁计划。鉴于埋压弹药受多重外力作用,继续存储存有较大安全隐患,建议上级机关将未列入就地销毁的弹药,全部列入报废弹药销毁计划,并尽快予以报批。

参 考 文 献

[1] 高兴勇,张玉令,刘国庆. 弹药事故处理[M]. 北京:电子工业出版社,2019.

[2] 罗兴柏,张玉令,丁玉奎. 爆炸及其防护简明教程[M]. 北京:国防工业出版社,2016.

[3] 总装备部通用装备保障部. 报废通用弹药处理安全技术[M]. 北京:解放军出版社,2004.

[4] 总装备部通用装备保障部. 报废通用弹药处理安全管理[M]. 北京:解放军出版社,2004.

[5] 国防科学技术工业委员会. 弹药作业区安全技术准则:GJB 2675—1996[S].